Colonialismo e luta anticolonial

domenico losurdo

Colonialismo e luta anticolonial

desafios da revolução no século XXI

ORGANIZAÇÃO
JONES MANOEL

PRÓLOGO
CAETANO VELOSO

TRADUÇÃO
DIEGO SILVEIRA, FEDERICO LOSURDO,
GIULIO GEROSA, MARCOS AURÉLIO DA
SILVA, MARIA LUCILIA RUY, MARYSE FARHI,
MODESTO FLOREZANO E VICTOR NEVES

© Boitempo, 2020

Direção editorial	Ivana Jinkings
Edição	Pedro Davoglio
Coordenação de produção	Livia Campos
Assistência editorial	Carolina Mercês e Carolina Hidalgo Castelani
Tradução	Diego Silveira, Federico Losurdo, Giulio Gerosa, Marcos Aurélio da Silva, Maria Lucilia Ruy, Maryse Farhi, Modesto Florezano, Victor Neves
Revisão da tradução	Marcos Aurélio da Silva (*Marxismo e comunismo nos 200 anos do nascimento de Marx*) Giulio Gerosa (*Revolução de Outubro e democracia no mundo*)
Preparação	Luciana Placucci Vizzotto Mariana Echalar (*Apresentação*)
Revisão	Thais Nicoleti de Camargo
Diagramação	Antonio Kehl
Capa	Maikon Nery

Equipe de apoio Artur Renzo, Débora Rodrigues, Dharla Soares, Elaine Ramos, Frederico Indiani, Heleni Andrade, Higor Alves, Ivam Oliveira, Kim Doria, Luciana Capelli, Marina Valeriano, Marissol Robles, Marlene Baptista, Maurício Barbosa, Raí Alves, Thais Rimkus, Tulio Candiotto

---

CIP-BRASIL. CATALOGAÇÃO NA PUBLICAÇÃO
SINDICATO NACIONAL DOS EDITORES DE LIVROS, RJ

L89c

Losurdo, Domenico, 1941-2018
Colonialismo e luta anticolonial : desafios da revolução no século XXI / Domenico Losurdo ; organização Jones Manoel ; tradução Diego Silveira ... [et al.]. - 1. ed. - São Paulo : Boitempo, 2020.

"Coletânea inédita de artigos, transcrições de palestras e entrevistas do autor"
ISBN 978-65-5717-009-0

1. Imperialismo. 2. Movimentos anti-imperialistas. 3. Hegemonia. 4. Antiamericanismo. I. Manoel, Jones. II. Silveira, Diego. III. Título.

20-67028
CDD: 327.73
CDU: 327.2

Meri Gleice Rodrigues de Souza - Bibliotecária - CRB-7/6439

É vedada a reprodução de qualquer parte deste livro sem a expressa autorização da editora.

1ª edição: novembro de 2020
1ª reimpressão: julho de 2021; 2ª reimpressão: junho de 2022

BOITEMPO
Jinkings Editores Associados Ltda.
Rua Pereira Leite, 373
05442-000 São Paulo SP
Tel.: (11) 3875-7250 / 3875-7285
editor@boitempoeditorial.com.br
boitempoeditorial.com.br | blogdaboitempo.com.br
facebook.com/boitempo | twitter.com/editoraboitempo
youtube.com/tvboitempo | instagram.com/boitempo

SUMÁRIO

Prólogo – *Caetano Veloso* 7
Apresentação – Revolução e rebeldia intelectual:
o legado de Domenico Losurdo – *Jones Manoel* 9

Primeira parte
Colonialismo e neocolonialismo

Panamá, Iraque, Iugoslávia: os Estados Unidos e as guerras
coloniais do século XXI 19
O sionismo e a tragédia do povo palestino 31
Estende-se o domínio da manipulação: o que acontece na Síria? ... 43

Segunda parte
Imperialismo, guerra e luta pela paz

Palmiro Togliatti e a luta pela paz ontem e hoje 55
Por que é urgente lutar contra a Otan e redescobrir o
sentido da ação política 69
A indústria da mentira como parte integrante da máquina de
guerra do imperialismo 75

Terceira parte
Imperialismo estadunidense, o inimigo principal

A doutrina Bush e o imperialismo planetário................................. 85
Os Estados Unidos e as raízes político-culturais do nazismo 95

QUARTA PARTE
CRÍTICA DO LIBERALISMO, DEMOCRACIA
E RECONSTRUÇÃO DO MARXISMO

MARXISMO E COMUNISMO NOS 200 ANOS DO NASCIMENTO DE MARX ... 131
REVOLUÇÃO DE OUTUBRO E DEMOCRACIA NO MUNDO 143
CRÍTICA AO LIBERALISMO, RECONSTRUÇÃO DO MATERIALISMO –
ENTREVISTA POR STEFANO G. AZZARÀ 155
ENTREVISTA À REVISTA *Novos Temas* – ENTREVISTA POR VICTOR NEVES.... 175

FONTES DOS TEXTOS 201
SOBRE O AUTOR 203

PRÓLOGO

A força do impacto dos textos de Losurdo sobre mim se deve a dois elementos diferentes, mas interligados: a vinculação da luta comunista à questão colonial/racial e a retomada de uma visão realista das experiências de socialismo real quando estávamos todos como hipnotizados pela verdade absoluta da superioridade moral e política do chamado "mundo livre". A relação do projeto socialista com o enfrentamento da questão colonial não foi uma novidade em si: cresci num país que era classificado como subdesenvolvido e habitado por descendentes de colonizadores europeus, de nativos da terra e de negros africanos escravizados – e minha adolescência viu a Revolução Cubana e, depois, os levantes anticoloniais na África. Mas, desde a volta do domínio do liberalismo econômico ("neoliberalismo") nos países democráticos e a queda do Império soviético e do Muro de Berlim, essa temática foi apagada. A direita celebrava Pinochet, Thatcher, Reagan e os economistas de Chicago (herdeiros dos austríacos), enquanto a esquerda buscava purificar o marxismo ("a volta a Marx") ou fazer malabarismos teóricos pós-estruturalistas.

Sou cantor e autor de música popular. Minha formação acadêmica tem mais lacunas do que continentes. Ouvindo algumas das suas canções de muitos anos atrás, Bob Dylan disse, impactado: "Você não canta canções como essas e leva uma vida normal. Para ser forte assim numa área, você tem de ser bem fraco em outras". Não me equiparo a Dylan ou Ben Jor ou Milton ou Djavan ou Lennon ou Elomar ou Raul ou... mas a concentração de energia para me pôr ao menos na periferia desse Olimpo reduz minha capacidade analítica a uma minigaláxia com muitos buracos negros. Não desisto, no entanto, de lutar pela clareza da minha mente. O contato com os escritos de Losurdo me faz, mais do que adepto de um comunismo a um tempo frouxo e fechado, ser capaz de pesar as informações que circulam.

Um prefeito comunista de Roma possibilitou o festival que uniu naquela cidade Dorival Caymmi, João Gilberto, Gilberto Gil, o trio elétrico de Dodô e Osmar e este partícipe da indústria cultural que vos escreve. Pouco antes, a mesma prefeitura tinha oferecido um concerto de Patti Smith: o Partido Comunista Italiano tinha um ar de heterodoxia. Pois bem, que tenha sido um italiano a me fazer pensar duas vezes tanto na valoração histórica do liberalismo quanto no sentido profundo da minha formação negro-mestiça anima-me a convidar jovens (e mesmo não jovens) leitores que querem pensar com autêntica independência a atentar para Losurdo, a cuja obra cheguei por sugestão do jovem Jones Manoel, organizador deste livro.

Caetano Veloso

APRESENTAÇÃO
Revolução e rebeldia intelectual: o legado de Domenico Losurdo

Em 2018 morreu o intelectual e militante comunista Domenico Losurdo. Não apenas na Itália, sua terra natal, como em muitos outros países – a exemplo de Brasil, China, Cuba, Espanha, Portugal, Venezuela etc. –, seu nome foi lembrado e sua obra foi apontada como um aporte fundamental ao marxismo e ao pensamento crítico. Ainda devemos a Losurdo, no entanto, um balanço sistemático e exaustivo de sua obra. Uma tarefa que começa a ser realizada e será cumprida com o correr do tempo, e de forma coletiva.

Nesse meio-tempo, enquanto esse balanço sistemático vai sendo construído, podemos antecipar algumas certezas e uma delas é: a obra de Losurdo será duradoura. A força e o impacto histórico da produção do filósofo podem ser registrados em duas razões, uma de ordem ético-política e outra de ordem teórico-filosófica.

Primeiramente, Losurdo é, como já dissemos, italiano. Isso significa que nasceu e viveu num país que conheceu, ao final da Segunda Guerra Mundial, a incrível força e atração cultural do marxismo personificado no Partido Comunista Italiano (PCI). O partido não só teve milhões de militantes e eleitores, como penetrou fundo na cultura e nas ciências humanas da terra de Antonio Gramsci. É impossível falar de qualquer aspecto fundamental da vida nacional italiana sem mencionar o PCI nesse momento histórico.

Se o fim da União Soviética e do "campo socialista" caiu como uma bomba no colo de comunistas do mundo todo, no caso italiano o impacto foi duplo: o PCI, partido orgulhoso de seu afastamento e autonomia em relação aos soviéticos e ao "campo socialista", desmoronou em 3 de fevereiro de 1991. Os seguidores de Marx na Itália viviam o pior momento de sua história.

Uma legião de revolucionários radicais tornou-se adoradora da nova santíssima trindade do mundo: mercado, democracia burguesa e Otan. Como todo novo convertido, esse grupo buscava mostrar a verdade de sua fé recente adotando uma postura fundamentalista, renegando por completo seu passado herético, no estilo "esqueçam o que escrevi". É nesse cenário, no auge da contrarrevolução neocolonial e neoliberal, que o filósofo Domenico Losurdo decide travar um combate duro e sem tréguas em favor do legado da Revolução Russa.

Como destaca outro filósofo, o brasileiro João Quartim de Moraes, Losurdo publicou em janeiro de 1991, enquanto ruíam os escombros soviéticos, o primeiro de uma série de artigos defendendo o legado de Outubro. A produção desse período pode ser consultada na revista *Crítica Marxista*, no artigo "O significado histórico da Revolução de Outubro", dividido em três partes[1]. Ainda no apogeu da festa contrarrevolucionária, em 1993, Losurdo publica o livro *Democracia ou bonapartismo*[2], uma obra extremamente corajosa que rema contra o discurso conservador, a-histórico e apologético da "democracia" liberal em voga na época. Foi esse livro, aliás, que "o tornou conhecido por novos círculos de leitores, valendo-lhe celebridade internacional"[3].

Losurdo só deixou de ser protagonista em todos os debates fundamentais para o renascimento do marxismo e a reconstrução do movimento comunista com a sua morte. Em seus anos de produção, foi o tipo de pensador que teve a coragem de assumir as batalhas que ninguém podia ou queria travar.

Contudo, embora sejam louváveis a rebeldia intelectual, a firmeza numa época de covardia e o gosto pela polêmica e pela ousadia teórica, essas qualidades ético-políticas, tomadas isoladamente, não garantiriam uma grande obra. Seria possível ter a mesma postura a partir de um dogmatismo paralisado. A proeminência histórica de Losurdo se explica por ele ter conseguido unir uma invejável postura intelectual, política e pessoal a um profundo rigor teórico, filosófico e histórico.

Seria impossível demonstrar nas poucas páginas desta Apresentação a grandeza da construção teórica da obra losurdiana e sua importância. Espera-se que o leitor possa constatá-las com a leitura das páginas que seguem. E que o conteúdo deste livro sirva como um convite e uma introdução à obra desse singular autor. Vamos, pois, a ela.

---

[1] Domenico Losurdo, "O significado histórico da Revolução de Outubro", partes I, II e III, *Crítica Marxista*, n. 4, 5, e 6, 1997 e 1998.

[2] Idem, *Democracia ou bonapartismo: triunfo e decadência do sufrágio universal* (trad. Luiz Sérgio Henriques, Rio de Janeiro/São Paulo, UFRJ/Unesp, 2004).

[3] João Quartim de Moraes, "Estudo introdutório", em idem (org.), *Losurdo: presença e permanência* (São Paulo, Anita Garibaldi, 2020), p. 31.

Reconstrução da proposta comunista e revolução no século XXI

O título dado a este volume, *Colonialismo e luta anticolonial: desafios da revolução no século XXI*, sublinha qual é o centro de sua reflexão. Não se trata de uma obra organizada por Losurdo, mas de uma seleção de escritos, alguns inéditos em português, uns já conhecidos do público, outros retraduzidos ou revisados. O que os unifica é a centralidade da questão colonial na história da modernidade burguesa e a importância do anticolonialismo na luta pela revolução socialista neste século XXI.

Repensar a história da modernidade e dos conflitos sociais à luz da questão colonial é um elemento central da produção losurdiana. Não se trata "apenas" de uma questão historiográfica e filosófica no plano da batalha das ideias, mas de uma temática candente dos conflitos prático-políticos no Brasil e no mundo.

O livro está dividido em quatro partes. A primeira é "Colonialismo e neocolonialismo", e compõe-se de três escritos: "Panamá, Iraque, Iugoslávia: os Estados Unidos e as guerras coloniais do século XXI"; "O sionismo e a tragédia do povo palestino"; e "Entende-se o domínio da manipulação: o que acontece na Síria?". Losurdo mostra nesses escritos que a contrarrevolução de 1989-1991 provocou uma reabilitação da tradição colonial em todos os planos – desde o cultural até o militar – e que o fim da Guerra Fria não significou o estabelecimento da paz, mas um recrudescimento do militarismo do imperialismo na forma de guerras neocoloniais – somente no governo de Bill Clinton, os Estados Unidos se envolveram em 48 ações militares.

Além de debater a reabilitação da tradição colonial, Losurdo aponta elementos do colonialismo clássico que nunca foram superados. No caso dos palestinos, o sionismo opera um tipo de dominação clássica: ocupação militar, regime de segregação racial, controle despótico sobre os recursos naturais, desumanização do povo dominado e todos os outros determinantes da longa duração histórica do colonialismo.

Apontar, porém, a permanência das formas clássicas de colonialismo não significa que "nada mudou". O teórico italiano também trabalha o papel das redes sociais e da internet nas guerras neocoloniais, operações psicológicas de larga escala e ações de "mudança de regime". Traça um longo histórico do papel da mentira institucional e da manipulação na política externa do imperialismo e mostra como a era da internet, longe de ser um reino de comunicação horizontal e liberdade de opinião, potencializou a capacidade dos Estados Unidos de subjugar outros povos.

Na segunda parte do livro, intitulada "Imperialismo, guerra e luta pela paz" e composta dos escritos "Palmiro Togliatti e a luta pela paz ontem e hoje", "Por que é urgente lutar contra a Otan e redescobrir o sentido da ação política" e "A indústria da mentira como parte integrante da máquina de guerra do imperialismo", o foco é a luta pela paz, contra as guerras e pela autodeterminação dos povos. Como bom comunista, Losurdo não poderia apenas pensar a denúncia do problema, ou interpretar o mundo, afinal o essencial é transformá-lo.

O filósofo faz o debate desde um plano teórico mais abstrato até um maior nível de concretude prático-política. No primeiro artigo, usando as reflexões de Palmiro Togliatti, mostra a importância de refletir sobre a dimensão histórica da política e não pensar a práxis como uma mera reencenação de formas do passado. Muitos não conseguiram entender, na época, as diferenças entre a primeira e a segunda guerras mundiais (tendendo a repetir táticas de ação, palavras de ordem etc.) e entre a Segunda Guerra Mundial e a Guerra Fria. Losurdo busca apresentar um quadro teórico-metodológico para fazer uma "análise concreta da situação concreta" na luta contra a guerra.

O segundo escrito, em grau menor de abstração, trata dos problemas enfrentados para se construir uma campanha contra a Otan na Itália. O filósofo se depara tanto com a dificuldade de alguns setores de aceitar o caráter mais amplo – para além de comunistas e marxistas – de uma campanha pela paz e contra a Otan quanto com a dificuldade dos que acham que palavras de ordem lidas como "pacifistas" não são suficientemente revolucionárias. A reflexão do autor, embora ligada ao contexto italiano, é útil para as esquerdas brasileiras, principalmente para aqueles setores que se negam a defender a soberania nacional venezuelana e a lutar contra a guerra por antagonismos com o governo Nicolás Maduro, ou que silenciam sobre os massacres diários na Colômbia por discordâncias históricas com as Farc.

No terceiro escrito, mais uma vez retomando o debate sobre a mentira institucional e a manipulação como arma de guerra e dominação, Losurdo busca teorizar sobre as maneiras como a esquerda poderia escapar a essas ações. Resistir às manipulações do imperialismo não é fácil. Quando George W. Bush tentou invadir o Iraque agitando a mentira das "armas de destruição em massa" no país, as poucas vozes críticas que se levantaram foram acusadas de simpatia pelo ditador iraquiano e pelas barbáries cometidas por seu regime, como o massacre contra os curdos, trazidos à cena para insinuar que quem duvidava da necessidade de derrubar Saddam Hussein flertava em algum nível com essas atrocidades.

Losurdo contribuiu decisivamente para o exame da resistência a essas operações de terrorismo psicológico, de anulação do pensamento crítico, saindo da dicotomia de base liberal – e sempre instrumentalizada pelo imperialismo – de pensar a geopolítica como um confronto global de "autoritarismo *versus* democracia" – justificativa oficial para destruir a Líbia, atacar a Síria, cercar a Venezuela etc.

A terceira parte do livro, "Imperialismo estadunidense, o inimigo principal", é talvez a mais polêmica. Nos dois ensaios que a compõem – "A doutrina Bush e o imperialismo planetário" e "Os Estados Unidos e as raízes político-culturais do nazismo" –, o pensador italiano recupera a tese cara à tradição bolchevique de que, na multiplicidade de contradições, há sempre um inimigo principal, o foco da ação política. Quando digo que a tese é polêmica me refiro ao contraponto à tendência atual de pensar o mundo como uma rede de conflitos interimperialistas de igual dimensão tática e estratégica.

Não poucos falam de "imperialismo chinês e russo", ou ficam indignados com o que, supostamente, seria uma minimização do papel do imperialismo francês e alemão no mundo. O que Losurdo argumenta, sem negar a multiplicidade de contradições e a complexidade das estruturas de poder global, é que Japão, França, Alemanha e outros países de menor peso geopolítico – como a própria Itália – estão subordinados ao poder econômico e político-militar da única superpotência do mundo: os Estados Unidos.

Em sua compreensão, o imperialismo estadunidense é o inimigo principal a ser isolado e combatido com concentração de forças. Se a análise losurdiana estiver certa, ela condiciona todo um processo de reconfiguração tática da ação das esquerdas na Europa e no mundo. Aliado a isso, e também contra a corrente, ele não compreende a ação da China no mundo como um imperialismo rival do estadunidense, mas como um contraponto ao domínio *yankee*, com horizonte anticolonial e terceiro-mundista.

Nesse ponto, tenho dúvidas se concordo integralmente com a reflexão de Losurdo. Seria difícil, entretanto, neste curto espaço, debater a fundo minhas eventuais discordâncias. Diria, de forma mais geral, que a sua análise tende a não considerar em toda a sua profundidade a relação centro-periferia que a China estabelece com a maioria dos países de capitalismo dependente, inclusive o Brasil. E ainda que essa relação não tenha, até este momento, traços de militarismo, intervencionismo e neocolonialismo, ela continua sendo uma relação de apropriação de valor produzido nas economias periféricas. Contudo, ao passar pela pandemia do covid-19 e observar a diferença de comportamento entre China e Estados Unidos, além dos rebatimentos do vírus na Europa, tendo a olhar com mais simpatia para essa tese do autor.

Para concluir, a última parte, intitulada "Crítica do liberalismo, democracia e reconstrução do marxismo", é composta por quatro escritos: "Marxismo e comunismo nos 200 anos do nascimento de Marx"; "Revolução de Outubro e democracia no mundo"; "Crítica ao liberalismo, reconstrução do materialismo: Entrevista por Stefano G. Azzarà)"; e "Entrevista à revista *Novos Temas*: Entrevista por Victor Neves)". Eles oferecem um panorama mais amplo da obra losurdiana, mas não perdem de vista o tema central do livro: o colonialismo e a luta anticolonial. O primeiro reproduz a última conferência de Losurdo: nela ele faz um balanço do legado marxiano, destacando-se sua interpretação da obra do fundador do materialismo histórico. O Marx de Losurdo é um pensador antirracista, preocupado com a luta anticolonial e as diversas formas de negação humanidade dos dominados operada pelo capitalismo. Essa interpretação inovadora e ousada da obra de Marx e de sua categoria central, a luta de classes, dialoga diretamente com todas as questões vitais do nosso tempo[4].

O segundo ensaio é um pequeno exemplo de um tema caro e fundamental na produção do nosso filósofo: a democracia política e as chamadas "liberdades formais" não são um produto do simples desenvolvimento do capitalismo e do liberalismo, mas uma expressão da luta de classes e uma imposição ao mundo burguês que conheceu seu máximo desenvolvimento com o recuo das "três grandes discriminações" (contra a classe trabalhadora, as mulheres e os povos negros e colonizados). E é impossível contar a história da crítica – teórica e prática – das "três grandes discriminações" sem falar do ciclo político aberto com a Revolução de Outubro.

Os últimos escritos são duas entrevistas com pesos teóricos e funções diferentes. A primeira, como indica o título, tem como centro a crítica ao liberalismo. É um belíssimo exemplo da crítica losurdiana ao ideário liberal tão comentada nos últimos tempos. A segunda entrevista, bem mais longa e densa, passeia por uma infinidade de temas e oferece uma visão geral, ainda que com algumas limitações, do marxismo de Domenico Losurdo. Para um contato preliminar com a produção do comunista italiano, é um material precioso.

Portanto você, leitor ou leitora, tem em mãos um livro que ajuda a pensar os temas fundamentais da luta de classes contemporânea: contra a guerra,

---

[4] Essa interpretação é dada com mais fôlego em *A luta de classes: uma história política e filosófica* (trad. Silvia de Bernardinis, São Paulo, Boitempo, 2015).

o imperialismo, o neocolonialismo e o racismo até as disputas em torno da história do movimento comunista e a batalha das ideias contra a ideologia dominante. Considere esse livro uma introdução à monumental produção losurdiana. Desejo-lhe boa leitura e muita disposição para os embates, seguindo a recomendação de outro italiano universal, o também comunista Antonio Gramsci: "Pessimismo da razão e otimismo da vontade".

Jones Manoel

PRIMEIRA PARTE
COLONIALISMO E NEOCOLONIALISMO

PANAMÁ, IRAQUE, IUGOSLÁVIA: OS ESTADOS UNIDOS E AS GUERRAS COLONIAIS DO SÉCULO XXI*

UMA BANCARROTA INTELECTUAL E MORAL

Há, sobre a terra, um povo que não hesitou em assumir as despesas, as fadigas e os perigos de uma guerra pela liberdade dos outros povos. Não o fez por vizinhos ou próximos ou moradores do mesmo continente. Não! De fato, esse povo singrou pelos mares para impedir que, em todo o mundo, existisse uma forma de governo injusto e para fazer que, por toda parte, pudesse reinar a lei e o direito humano e divino.

O texto citado faz referência a uma intervenção militar nos Bálcás. Quem assim se exprime, no entanto, não é um medíocre ideólogo da guerra de nossos dias, mas o grande Tito Lívio, celebrando a missão de Roma, que, além de "ajudar" a Grécia, não hesitou em destruir Corinto e despojá-la de suas esplêndidas obras de arte[1]. Cícero exprime seu pesar por essa destruição, que gostaria de ver reservada aos bárbaros de Cartago e da Numância, porém insiste que o expansionismo romano é sinônimo não de um mando egoísta (*imperium*), mas de uma benévola "tutela (*patrocinium*) do mundo"[2].

Saltemos dois milênios. No decorrer da Primeira Guerra Mundial, a Alemanha de Guilherme II lança a palavra de ordem do "imperialismo ético", chamado a expandir-se e a intervir com o objetivo de "garantir a liberdade e

---

* Traduzido do italiano por Maryse Farhi. Publicado primeiro em português na revista *Crítica Marxista*, v. 1 (São Paulo, Xamã, 1999, n.9), p. 87-96.
[1] *Ab urbe condita*, 33, 33, em Ugo Dotti, "Noterelle e schermaglie" em Ugo Dotti, *Belfagor*, fascículo 5, 1999 (o autor esconde-se sob um pseudônimo).
[2] *De Officiis*, v. 1, p. 35 e v. 2, p. 27.

a ordem", o "direito", os "fins da humanidade". A ideologia "humanitária" e "ética" atravessará profundamente a história da tradição colonial e imperial, a história da dominação enquanto tal[3].

Na ânsia de devolver a "paz" aos Bálcãs, ocorreu um episódio revelador, que, por algum tempo, suscitou temores de um embate militar entre a Organização do Tratado do Atlântico Norte (Otan) e a Rússia: "Segundo indiscrições de Londres, partiram, dos arredores de Pristina, tropas de elite com ordens de atirar nos russos se, de fato, tivessem tentado aterrissar"[4]. Assim, correu-se o risco de uma guerra tendo como protagonistas "forças de paz" de um lado e de outro. Também a rivalidade entre as grandes potências, empenhadas em assegurar a "paz" e expandir a "civilização" e o "direito", bem longe de constituir uma novidade, é uma constante do imperialismo.

Mas, então, como explicar o fato de que amplos setores da esquerda europeia tenham levado a sério a ideologia da guerra da Otan ou tenham dado provas de timidez e de incerteza ao criticá-la? Teria bastado folhear a imprensa internacional para dar-se conta do caráter instrumental da criminalização de mão única dos sérvios: "Não faz muito tempo, eram os albaneses do Kosovo que reprimiam os sérvios do mesmo local e comandavam uma horrível limpeza étnica"[5]; "a fama de brutalidade do Exército de Libertação do Kosovo (UÇK), sobre a qual se passou por cima, nos últimos meses, quando o grupo foi um cômodo aliado da Otan", encontra novas confirmações no terror que ele vem desencadeando não somente contra os sérvios mas também contra os ciganos[6].

O acaso tem-se mostrado particularmente irônico em relação aos ex-comunistas. A partir da crise e da dissolução do "campo socialista", não se cansaram de recitar seu bravo mea-culpa; cometeram o erro de tomar parte do movimento que, em nome de uma substancial justiça superior, tinha desprezado e pisoteado o formalismo da norma jurídica e das regras do jogo. A lealdade atlântica os obriga, agora, a retornar, no plano teórico, às posições iniciais:

---

[3] Domenico Losurdo, "Dal Medio Oriente ai Balcani: l'alba di sangue del 'secolo americano'", em Domenico Losurdo, Pier Franco Taboni, Claudio Moffa e Andrea Catone, *Dal Medio Oriente ai Balcani: l'alba di sangue del "secolo americano"* (Nápoles, La Città del Sole, 1999), p. 23-6.

[4] Francesco Grignetti, "Lampo di guerra fredda sul Kosovo", *La Stampa*, 12 jun. 1999, p. 3.

[5] Stephen S. Rosenfeld, "Look Again: Resist the Temptation to Demonize Serbs", *International Herald Tribune*, 29 mar. 1999, p. 10.

[6] John Wand Anderson, "German Raid Disarms Rebels Suspected of Beating Gypsies", *International Herald Tribune*, 19-20 jun.1999, p. 5.

diante da justiça substancial de respeito aos direitos humanos, não contam para nada nem o direito internacional, nem a carta da Organização das Nações Unidas (ONU), nem mesmo o próprio estatuto da Otan. Surge novamente a questão mais profunda: como explicar essa bancarrota intelectual e moral, que não poupou sequer aqueles que vêm sendo considerados os *maîtres à penser* da esquerda e de toda a pátria?

1989-1999: UMA DÉCADA TRÁGICA

Convém dar um passo atrás. Quem não se lembra dos discursos entusiasmados que, em 1989, acompanharam a queda do Muro de Berlim e a dissolução do "campo socialista"? Dissipavam-se as angústias da Guerra Fria junto com o século XX, século horrível iniciado com a Revolução de Outubro e por ela marcado. Teria acabado de vez a história com suas contradições e seus conflitos. Poucos meses depois, teve lugar a invasão do Panamá, precedida de intenso bombardeio, desencadeada sem declaração de guerra e sem aviso prévio: bairros intensamente povoados surpreendidos durante a noite pelas bombas e pelas chamas. São centenas ou, mais provavelmente, milhares de mortos, em uma expressiva maioria "civis, pobres e de pele escura"; são pelo menos 15 mil desabrigados. Trata-se do "episódio mais sanguinário" da história do pequeno país[7].

Pouco mais de um ano depois, ocorreu a Guerra do Golfo. Naquela ocasião, os Estados Unidos não hesitaram em "exterminar os iraquianos, já em debandada e desarmados"[8]; ou, mais exatamente, exterminaram-nos "depois do cessar-fogo"[9]. Um horrível crime de guerra para o qual ninguém invocou qualquer punição: como sempre, e por definição, o *jus publicum europaeum* não vale para os "bárbaros" e os povos coloniais.

De forma análoga, desencadeou-se a guerra contra a Iugoslávia: os bombardeios aéreos tiveram por objetivo, em primeiro lugar, a destruição sistemática da infraestrutura industrial e civil; nem sequer hesitaram em assassinar os jornalistas e empregados da TV sérvia. Junto com as bombas, também caíram do céu folhetos bastante significativos. Aqueles que Gramsci teria chamado de "super-homens brancos" e "defensores do Ocidente" davam prova de seu

---

[7] Kevin Buckley, *Panama, The Whole Story* (Nova York, Simon & Schuster, 1991), p. 240 e 264.
[8] Giorgio Bocca, "Dimenticare Hitler...", *La Repubblica*, 6 fev. 1992.
[9] *Corriere della Sera*, 9 maio 1991.

"*forcaiolismo*"¹⁰ intimando suas vítimas a "levantar os olhos para o céu, porque amanhã, provavelmente, não o verão mais"¹¹. Não há dúvida de que se tratava de uma guerra colonial. Mesmo tendo-se declarado de acordo com a concessão de uma ampla autonomia para o Kosovo, o governo Milosevic teria cometido o erro de rechaçar o *Diktat* de Rambouillet, que previa não só a amputação das regiões-berço da civilização sérvia mas também a transformação de toda a Iugoslávia em um protetorado da Otan, cujas forças militares teriam garantidas plena liberdade e imunidade.

Portanto, no decorrer de uma década, assistimos a três guerras coloniais. A essas deve-se acrescentar o capítulo representado pela disputa na África entre os Estados Unidos e a França, com as tentativas do primeiro de substituir o segundo no controle de uma de suas tradicionais áreas de influência. Já em 1992, um jornalista descrevia a luta em curso na África da seguinte forma: "As duas únicas grandes potências [Estados Unidos e França] que hoje exercem uma influência direta no continente disputam aquele mercado, mesmo à custa de exacerbar os conflitos entre as facções em luta em diversos países. Apoiam uma ou outra dessas facções, conforme sejam consideradas mais idôneas e aptas a salvaguardar seus respectivos interesses".

É nesse contexto que é necessário colocar as sucessivas catástrofes verificadas em Ruanda. Esse segundo capítulo da história não é menos trágico que o primeiro. O ano de 1989 pode bem ser o divisor de águas entre o século XX e o XXI. Mas, contrariamente a tudo aquilo que sustentavam e sustentam os arautos do fim da história, o novo século, como demonstra a década ainda em curso, não promete nada de bom.

A REABILITAÇÃO DO COLONIALISMO E DO IMPERIALISMO: O REVISIONISMO HISTÓRICO EM AÇÃO

As guerras coloniais que se verificaram ou estão ainda em curso não são surpresa. Em 1992, Popper extraía da Guerra do Golfo uma consideração de caráter geral: "Libertamos esses Estados [as ex-colônias] com excessiva pressa e de forma simplista"; é como "abandonar um asilo infantil a sua própria sorte".

---

[10] Neologismo italiano: atitude daqueles que aplicam ou esperam o uso de meios cruéis de repressão, ou ainda atitude daqueles que se mostram politicamente reacionários ou profundamente conservadores. Domenico Losurdo, *Dal Medio Oriente ai Balcani*, p. 81.

[11] *La Stampa*, 1999.

No ano seguinte, o *New York Times* publicava um artigo que parecia lançar um programa e uma palavra de ordem: "Finalmente retorna o colonialismo, já era hora". O autor, o historiador Paul Johnson, celebrava o "*revival* altruístico do colonialismo"[12].

Com menos preconceitos, na Itália um professor da Universidade de Luiss e general dos regimentos alpinos punha ênfase nos "benefícios concretos" alcançados pelas grandes potências em suas intervenções "recolonizadoras" e que "colocaram sob administração fiduciária, mandato ou protetorado internacional" este ou aquele país do Terceiro Mundo. O general docente se exprimia com uma franqueza de caserna: "O emprego da força que uma vez se chamou de guerra foi chamado de defesa durante a Primeira Guerra Mundial por uma questão de *public relations*. [...] Agora, chama-se também de operação de polícia internacional ou de *peace-keeping, peace-making, peace-enforcing*". Bem longe de ter qualquer sentido crítico, tais observações constituíam os fundamentos de um pedido de modificação da Constituição em nosso país, a qual "a este respeito está ultrapassada"[13]. Mas, como demonstra a guerra nos Bálcãs, mesmo que não se consiga modificá-la, a Constituição pode ser ignorada ou violada.

Assistimos, agora, a um salto qualitativo. Enquanto trovejavam os bombardeios sobre a Iugoslávia, um artigo do *New York Times*, retomado posteriormente pelo *International Herald Tribune*, justificava-os assim: "Só o imperialismo ocidental – bem poucos admitem chamá-lo pelo nome – pode, neste momento, unir o continente europeu e salvar os Bálcãs do caos"[14]. Assim, tanto o colonialismo quanto o imperialismo conhecem sua reabilitação: mais que nas salas de aula universitárias ou nas redações dos jornais, o revisionismo histórico alcança sua consagração nas guerras coloniais em curso.

Missão imperial e controle das "zonas intermediárias"

Os protagonistas das guerras coloniais do século XXI parecem ligados por laços de indissolúvel unidade. Nem por isso devemos perder de vista as fricções e

---

[12] Domenico Losurdo, *Il revisionismo storico, problemi e miti* (Roma-Bari, Laterza, 1996), p. 128-9.
[13] Carlo Jean, "'Guerre giuste' e 'guerre ingiuste', ovvero i rischi del moralismo", *Limes, Rivista Italiana di Geopolitica*, n. 3, jun. 1993, p. 257-71.
[14] Robert D. Kaplan, "A Nato Victory Can Bridge Europe's Growing Divide", *International Herald Tribune*, 8 abr. 1999, p. 10.

as contradições internas. Para discerni-las, basta manter em mente as missões que os dirigentes estadunidenses reivindicam para seu país e só para seu país. Na convenção de seu partido que o consagrou candidato republicano para as eleições de 1988, George Bush declarava: "Eu vejo a América como líder, como a única nação com um papel especial no mundo". Leiamos agora o discurso de posse de Bill Clinton: "A América é a mais antiga democracia do mundo". O silêncio sobre o genocídio das populações indígenas e sobre a escravidão dos negros (que, no momento da fundação dos Estados Unidos da América, constituíam 20% do conjunto da população) é o silêncio típico dos mitos fundamentais dos impérios. Com efeito, a conclusão é explícita: os Estados Unidos "devem continuar a guiar o mundo", "nossa missão é atemporal". Escutemos, por fim, Henry Kissinger: "A liderança mundial é inerente ao poder e aos valores americanos". A liderança é reivindicada com o olhar lançado às grandes potências ocidentais. Inclusive elas são advertidas a não pôr em discussão a primazia moral, civil e militar da única "nação indispensável", para, dessa vez, usar a expressão cara à senhora Albright.

Vem à mente a observação feita, quando se instaurou a Guerra Fria, por Mao Tse-tung, segundo a qual a visão bipolar do mundo distorcia a complexidade das relações e das contradições internacionais. No decorrer de uma conversa com uma jornalista estadunidense de orientação comunista, Anne Louise Strong, em agosto de 1946, o dirigente comunista chinês declarava:

> Os Estados Unidos e a União Soviética estão separados por uma vasta zona, que compreende numerosos países capitalistas, coloniais e semicoloniais na Europa, na Ásia e na África. Até o momento em que os reacionários americanos tenham sujeitado esses países, um ataque contra a União Soviética está fora de questão. [Os Estados Unidos] controlam, há muito tempo, a América Central e do Sul e buscam dominar, igualmente, o império britânico inteiro e a Europa ocidental. Sob vários pretextos, os Estados Unidos adotam medidas unilaterais em larga escala e instalam bases militares em muitos países. [...] Atualmente [...] não é a União Soviética, mas os países onde essas bases militares estão instaladas que são os primeiros a sofrer a agressão dos Estados Unidos.[15]

Foi assim, agitando a bandeira da cruzada antissoviética, que os Estados Unidos submeteram a seu controle seus próprios "aliados". Para estes últimos,

---

[15] Mao Tse-tung, *Opere scelte*, v. 6 (Pequim, Edições em língua estrangeira, 1975), p. 95-6.

o fim da Guerra Fria representava a ocasião de esgueirar-se de uma tutela já privada de qualquer justificação. Há alguns anos, um autor que contava com prestigiosa carreira diplomática em seu currículo conclamava a Itália a "corrigir suas relações desiguais com os Estados Unidos": "o país é vassalo da América". Era necessário pôr novamente em discussão ou repensar a própria presença militar estadunidense em nosso território: "Hoje, podem ocorrer situações nas quais as bases sejam empregadas pelos estadunidenses para objetivos que não correspondam aos interesses italianos. [...] As bases acabaram por se tornar o ponto nevrálgico das relações ítalo-estadunidenses"[16].

Podemos assim entender melhor o significado da agressão contra a Iugoslávia. Os Estados Unidos atualizaram a estratégia seguida no decurso da Guerra Fria. Estimulando a instabilidade nos Bálcãs e agitando o espectro da instabilidade na Rússia, por um lado reforçaram o assédio ao país que tomou o lugar da União Soviética enquanto, por outro lado, continuam a impor seu controle aos aliados europeus. Procedem de forma análoga na Ásia: o "perigo amarelo" e "totalitário" constitui o pretexto para construir uma espécie de Otan asiática, que tem por objetivos simultâneos a "contenção" da China e o reforço da hegemonia estadunidense até sobre o Japão.

O bombardeio da embaixada chinesa e os objetivos do imperialismo dos Estados Unidos

Um dos momentos cruciais da guerra contra a Iugoslávia foi o bombardeio da embaixada chinesa em Belgrado. Trata-se realmente de um acidente? A dúvida é legítima: "A explicação até agora oferecida – o emprego de um velho mapa da capital iugoslava – não convence, porque nenhum edifício existia antes no parque onde foi construída a embaixada"[17]. Um fato é certo: "A China continua sendo o último grande território a fugir da influência política estadunidense, constitui a última fronteira a ser conquistada"[18]. O "acidente" se revela, então, sintomático dos objetivos estratégicos perseguidos por Washington; é o momento culminante da campanha antichinesa em curso desde 1989. Muito

---

[16] Sergio Romano, *Lo scambio ineguale: Italia e Stati Uniti da Wilson a Clinton* (Roma-Bari, Laterza., 1995), p. 70 e 66-7.
[17] Renato Ferraro, "L'America ci tradisce", *Corriere della Sera*, 14 jul. 1999, p. 4.
[18] Alfredo G. A. Valladão, *Il XXI secolo sarà americano*, (trad. it. Francisco Sircana, Milão, Il Saggiatore, 1996 [1993]), p. 241.

mais do que uma réplica à repressão da praça da Paz Celestial, essa campanha é uma consequência da mutação geopolítica que se verificou após a queda do "campo socialista".

Retornemos ao ano que assinala o triunfo dos Estados Unidos na Guerra Fria e o divisor de águas entre os séculos XX e XXI. Não são somente os dirigentes chineses que chamam a atenção para o papel dos serviços secretos nos acontecimentos ocorridos em 1989. Uma facção dos "dissidentes" refugiados nos Estados Unidos acusa a outra de ter sido nada mais que um enxame de "espiões"[19]. Responsabilizam os expoentes "radicais" por terem querido impedir a todo custo o acordo com as autoridades chinesas, sabotando e violando a decisão tomada pelos próprios manifestantes e por seus representantes de evacuar a praça até 30 de maio de 1989. Era necessário "derrubar" o governo, como tinha acontecido ou estava acontecendo em uma série de países da Europa oriental. Circulam, a esse respeito, documentos julgados "comprometedores" em uma revista estadunidense não passível de suspeitas de simpatia filo chinesa[20].

A repressão na praça da Paz Celestial, que, apesar de sua brutalidade, serviu para evitar à China uma tragédia de tipo iugoslavo, é um tema recorrente da cruzada "humanitária" que permeia a ofensiva geopolítica desencadeada pelos dirigentes dos Estados Unidos contra a República Popular da China. Eles esquecem que, na história de seu país, ocorreu um episódio que apresenta muitas semelhanças com o que se verificou na praça da Paz Celestial.

Em 1932, em pleno período da grande crise, "cansados de ver as crianças esquálidas por só disporem de farináceos endurecidos e de café preto para se alimentar" e com o objetivo de solicitar o pagamento de indenizações que lhes tinham sido prometidas, cerca de 20 mil veteranos de guerra foram para Washington com mulher e filhos. Tratava-se de uma manifestação absolutamente inócua no plano político, dado que nela participavam fervorosos anticomunistas ainda tomados do sentimento da glória conquistada pelos Estados Unidos no decorrer da Primeira Guerra Mundial. Apesar disso, mal os veteranos "começaram a se reunir nos arredores do Capitólio, a administração queria empregar as metralhadoras com as quais tinha recebido os manifestantes comunistas contra a fome no mês de dezembro anterior". O recurso à força militar foi então momentaneamente evitado. Mas, diante da tenacidade dos participantes nas demonstrações, que resistiram por dois meses, as autoridades,

---

[19] Renata Pisu, "Un fantasma si aggira per la Cina", *La Repubblica*, 2 jun. 1999, p. 41.
[20] Ian Buruma, "The Beginning of the End", *New York Review of Books*, 21 dez. 1995, p. 4-9.

que já estavam à procura de "um incidente que pudesse justificar a declaração da Lei Marcial", tiraram proveito de um insignificante enfrentamento para decidir pela intervenção das tropas federais: desencadeou-se assim, para citar um jornal estadunidense da época, "a caça com veículos blindados a homens indefesos, mulheres e crianças". As operações foram dirigidas, em vários níveis, pelo general MacArthur, pelo então major Eisenhower e pelo então oficial Patton, os futuros "heróis" da Segunda Guerra Mundial[21]. Porém, mais uma vez, as obliterações históricas se revelam funcionais para as ambições e as cruzadas imperiais.

A DESORIENTAÇÃO DA ESQUERDA DIANTE DE UMA CONTRARREVOLUÇÃO GLOBAL

Nesse ponto, deixando-se de lado as amenidades sobre o fim da história, uma questão se impõe: o período de 1989 a 1991, que dá início ao século XXI, é realmente sinônimo de "revolução democrática" como, habitualmente, se acredita e afirma? Já emergiu com clareza um macroscópico aspecto contrarrevolucionário: a recolonização do Terceiro Mundo e dos Bálcãs. Duas das guerras coloniais das quais falamos ainda estão em pleno desenrolar. O Iraque continua sendo martirizado sem piedade. Não se trata somente dos bombardeios que realizam exercícios de tiro ao alvo na denominada *no fly zone*, decretada mais de uma vez fora dos quadros de qualquer legalidade internacional. Oficialmente imposto para prevenir o acesso dos países árabes às armas de destruição em massa, o embargo ao Iraque, "nos anos que se seguiram à Guerra Fria, provocou mais mortes que todas as armas de destruição em massa no decorrer da história". Depois da queda do "socialismo real", em um mundo unificado sob a hegemonia dos Estados Unidos, o embargo constitui, precisamente, a arma de destruição em massa por excelência[22]. Os Estados Unidos estão decididos a usar essa arma também contra o povo sérvio.

Hoje, é o próprio Gorbachev quem fala de "imperialismo". Soljenitsin comparou o comportamento da Otan ao do Terceiro Reich. Não se trata de extravagância de um literato. Nos Bálcãs e na Europa centro-oriental, a

---

[21] Arthur M. Schlesinger Jr., *L'età di Roosevelt: la crisi del vecchio ordine 1919-1933* (trad. it. Giorgio Polla, Bolonha, Il Mulino, 1995 [1957]), p. 239-48.
[22] John Mueller e Karl Mueller, "Sanctions of Mass Destruction", *Foreign Affairs*, maio 1999, p. 43-53.

Iugoslávia é o único país que não faz parte ou não pediu para fazer parte da Aliança Atlântica (Otan): como não pensar na agressão desencadeada por Hitler contra a Iugoslávia, que se recusava a aderir ao Pacto Anticomintern? Por outro lado, os discursos sobre o "protetorado do Kosovo" trazem de volta à memória os discursos análogos sobre o "protetorado da Boêmia e Morávia", resultante do desmembramento nazista da Tchecoslováquia. Naturalmente, cada situação histórica possui sua particularidade. Resta o fato de que a esquerda não presta mais nenhuma atenção a personalidades às quais, no passado, ela tinha se referido com respeito e veneração, para celebrar a presumida "revolução democrática".

O processo de recolonização em curso tem igualmente repercussões internas às metrópoles capitalistas. Nos Estados Unidos dos anos 1950 e 1960, uma espécie de revolução pelo alto põe fim ao regime de discriminação e segregação racial com o objetivo de evitar um posterior incremento, no próprio país, do movimento comunista e do movimento anti-imperialista e anticolonialista fortemente influenciado pelos comunistas[23]. Agora, em vez disso, assistimos a uma nova "segregação das escolas"[24].

Enfim, não se deve perder de vista o fato de que os acontecimentos do período de 1989 a 1991 imprimiram uma fantástica aceleração às ofensivas visando não só ao desmantelamento do Estado social mas também ao cancelamento formal (do catálogo de direitos) dos "direitos econômicos e sociais": embora inscritos na Declaração da ONU de 1948, eles constituem, segundo Hayek, o ruinoso resultado da influência exercida pela "revolução marxista russa". Se na Rússia a ofensiva neoliberal provocou, para citar Duverger, um "verdadeiro genocídio dos velhos" e a "forte queda da duração média de vida", ela faz, cada vez mais, sentir suas graves consequências até no Ocidente[25].

Do complexo quadro até agora traçado, apesar da presença de tendências contraditórias, resulta que o aspecto principal das mutações políticas verificadas com o advento do século XXI é constituído pela contrarrevolução e pela restauração. Mas recorrer a tais categorias não significará proceder a uma relegitimação de regimes desacreditados cuja queda foi saudada de forma

---

[23] Domenico Losurdo, "L'universalismo difficile: diritti dell'uomo, conflitto sociale e contenzioso geopolitico", *Democrazia e diritto*, n. 1, 1999.

[24] Domenico Losurdo, "A Move in Schools to 'Resegregation'", *International Herald Tribune*, 14 jun. 1999, p. 3.

[25] Domenico Losurdo, "L'universalismo difficile: diritti dell'uomo, conflitto sociale e contenzioso geopolitico", cit.

quase unânime pela opinião pública mundial? Uma espécie de recato político praticamente paralisou aqueles que na esquerda se recusam justamente a ser tomados por nostálgicos de Brejnev e do *gulag*. Entretanto, o processo histórico é mais complexo do que o que emerge da rude alternativa implícita naquela pergunta e nas objeções por ela suscitadas. Pensemos nos acontecimentos iniciados com a Revolução Francesa: no momento em que se verifica aquilo que todos os manuais de história definem como sendo a Restauração, parece difícil contestar a falência do projeto ou das esperanças de 1789, aos quais se seguiram o Terror, a corrupção desenfreada dos anos posteriores ao Termidor, a ditadura militar e, depois, o império com um imperador *condottiero*. Este conquista imensos territórios e os distribui a parentes e amigos, segundo um conceito patrimonial do Estado que não somente menospreza qualquer princípio de democracia mas parece reproduzir os piores traços do Antigo Regime. Em 1814, eram, portanto, totalmente irreconhecíveis os projetos e as esperanças que tinham sido alimentados em 1789; a volta dos Bourbons representou um regime sem dúvida mais liberal que o Terror, a ditadura militar e o império guerreiro e expansionista que tinham se seguido ao entusiasmo revolucionário. Todavia, resta o fato de que o retorno representa um momento de restauração. Considerações análogas podem ser feitas, por exemplo, no que diz respeito à primeira Revolução Inglesa, sufocada na ditadura militar de Cromwell, já que estava ligada à personalidade excepcional de seus fundadores e era incapaz de sobreviver a seu desaparecimento.

Não obstante tudo isso, é lícito e obrigatório aplicar a categoria de restauração ao retorno dos Bourbons e dos Stuarts, que buscaram sufocar as novas tendências – que procuravam, penosamente, emergir por tentativas, erros, becos sem saída, contradições, regressões, deformações de todos os tipos. Não existem motivos para proceder de forma diferente diante do período de 1989 a 1991, que assinala o advento do século XXI. Somente procedendo dessa forma é que a esquerda poderá recuperar sua inteligência crítica e sua memória histórica, bem como enfrentar adequadamente as vicissitudes que a esperam.

O SIONISMO E A TRAGÉDIA DO POVO PALESTINO*

Os "escravos enfurecidos" e o sermão da "complexidade"

Em Durban, por ocasião da conferência internacional sobre racismo promovida pela Organização das Nações Unidas (ONU), 3 mil organizações não governamentais provenientes de todo o mundo condenaram Israel com palavras candentes pela opressão nacional e discriminação que inflige aos palestinos, pela ferocidade de uma repressão militar que não se detém nem mesmo diante de "atos de genocídio". Mais timidamente agiram as delegações oficiais. A perseverante cumplicidade da União Europeia com Israel pesou muito para que o documento final perdesse grande parte de sua força. E, contudo, talvez pela primeira vez na história, o Ocidente capitalista e imperialista foi obrigado de modo solene a sentar-se no banco dos acusados: foi fortemente exposto diante de algumas páginas de sua história constantemente recalcadas – do tráfico de escravos negros ao martírio do povo palestino. A fuga indecorosa das delegações estadunidense e israelense selou o ulterior isolamento daqueles que hoje são os responsáveis por crimes horríveis contra a humanidade e os piores inimigos dos direitos humanos.

Trata-se de um resultado de importância extraordinária. E, contudo, até mesmo no campo da esquerda não faltaram aqueles que torceram o nariz. Dando-se ares professorais, na discussão sobre os palestinos, eles os convidaram a moderar o tom: sim, a crítica a Israel pode ser justa, mas por que trazer à discussão o sionismo e por que acusá-lo até de racismo? Em seu tempo, Fichte, ridicularizando

---

* Traduzido do italiano por Modesto Florezano. Publicado primeiro em português na revista *Crítica Marxista*, v.1, São Paulo, Revan, 2007, n. 24, p. 63-72. Publicado originalmente na revista italiana *L'Ernesto*, 1º jul. 2001.

a leviandade de certos discursos relativos aos "excessos" da Revolução Francesa, exprimiu o seu desprezo por aqueles que, em segurança e a gozar de todas as comodidades da vida, pretendem pregar a moral aos "escravos enfurecidos" e decididos a tirar dos ombros sua opressão. Não contentes com a lição de moral, os atuais professores do povo palestino pretendem também dar uma lição de epistemologia: acusar o sionismo enquanto tal – eles sentenciam – significa perder de vista a "complexidade" desse movimento político, caracterizado pela presença no seu interior de correntes muito diversas entre si, de direita, de esquerda e até mesmo de esquerda com orientação socialista e revolucionária.

Na realidade, ao seguir de maneira coerente a metodologia aqui sugerida, não será somente em relação ao sionismo que seremos obrigados a calar. Em 1915, a intervenção da Itália no primeiro conflito mundial foi reivindicada por alguns círculos com palavras de ordem explicitamente expansionistas e imperialistas e, por outros, como uma contribuição à causa do triunfo da democracia e da paz em âmbito mundial. Mas, pelo menos para os comunistas, não deveria haver dúvidas sobre o fato de que se tratava de uma guerra imperialista em todos os sentidos, não obstante as boas intenções e a sinceridade democrática e até mesmo revolucionária dos seguidores do "intervencionismo democrático".

Sirvamo-nos de outro exemplo. Não há dúvida de que o colonialismo, em certos casos, assumiu um caráter explicitamente exterminador (em particular, no caso do nazismo, mas também, anteriormente, no dos que fizeram os aborígines australianos e outros grupos étnicos desaparecer da face da terra), ao passo que, outras vezes, foi detido no limiar do genocídio. No fim do século XIX, a expansão colonial do Ocidente na África se desenvolveu agitando a palavra de ordem da libertação dos escravos negros, enquanto, alguns decênios mais tarde, Hitler promove a colonização da Europa oriental com o objetivo declarado de obter a massa de escravos de que a ariana "raça dos senhores" necessita. Se o Terceiro Reich, no curso de sua marcha expansionista, enaltece as virtudes purificadoras e regeneradoras da guerra, o colonialismo, em certos momentos de sua história – por ocasião da sanguinária expedição conjunta das grandes potências para a repressão da revolta dos Boxers na China –, não hesitou em se autocelebrar por sua contribuição decisiva para a causa da paz perpétua[1]. Seria errado ignorar aqui a "complexidade" do fenômeno histórico em exame e suas diferenças internas, as quais, contudo, não nos podem impedir de pronunciar um juízo sobre o colonialismo enquanto tal: mesmo com o caráter múltiplo

---

[1] Vladímir Ilitch Lênin, *Opere Complete*, v. 39 (Roma, Editori Riuniti, 1955), p. 654.

e matizado das suas manifestações, o colonialismo é sinônimo de pilhagem e de exploração; e implicou guerra, agressão e imposição, em larga escala, de formas de trabalho forçado em detrimento das populações coloniais, mesmo quando se declarou movido pelo intento humanitário de promover a realização da paz perpétua e a abolição da escravidão e mesmo quando alguns expoentes políticos ou alguns ideólogos das grandes potências do Ocidente acreditaram sinceramente em tais boas intenções!

Sionismo e colonialismo

Não escolhi por acaso o exemplo do colonialismo. Uma pergunta logo se impõe: existe alguma relação entre sionismo e colonialismo? Não há dúvida de que o sionismo, mesmo na multiplicidade dos seus componentes, se caracteriza por uma palavra de ordem inequívoca: "uma terra sem povo para um povo sem terra"! Estamos em presença da ideologia clássica da tradição colonial, que sempre considerou *res nullius*, terra de ninguém, os territórios conquistados ou cobiçados e sempre teve a tendência a reduzir as populações indígenas a uma grandeza insignificante. Ademais da ideologia, o sionismo toma de empréstimo da tradição colonial as práticas de discriminação e opressão. Bem antes da fundação do Estado de Israel, já no curso da Segunda Guerra Mundial, enquanto se estabelecem na Palestina, os sionistas programam a deportação dos árabes. "Deve ficar claro que não há lugar para os dois povos neste país"; faz-se necessário "transferir os árabes para os países confinantes, transferi-los todos": inequívoco é o programa enunciado no final de 1940 por um dirigente de primeiro plano do movimento sionista. Sobre isso, Edward W. Said[2] chama a atenção; e se o eminente intelectual palestino parecer suspeito, tenha-se em mente que, em outubro de 1945, Hannah Arendt condena com veemência os planos – que, depois do fim da Segunda Guerra Mundial, se tornaram muito concretos – de "transferência dos árabes da Palestina para o Iraque"[3].

Aqui, com um gracioso eufemismo, fala-se de "transferência" em vez de deportação. Mas, três anos depois, Arendt descreve de modo preciso a violência terrorista desencadeada contra a população árabe. Eis a sorte reservada a Deir Yassin:

---

[2] Edward Said, *La questione palestinese: la tragedia di essere vittima delle vittime* (Roma, Gamberetti, 1995), p. 103-6.
[3] Hannah Arendt, *Ebraismo e modernità* (Milão, Unicopoli, 1986), p. 83.

Esta aldeia isolada e circundada de território hebraico não tinha participado da guerra e havia até mesmo proibido o acesso a bandos árabes que queriam utilizar a aldeia como ponto de apoio. No dia 9 de abril [de 1948], segundo o *The New York Times*, bandos terroristas [sionistas] atacam a aldeia, que no decorrer dos combates não representava nenhum objetivo militar, e matam a maioria da sua população – 240 homens, mulheres e crianças; deixam uns poucos com vida para fazê-los desfilar como prisioneiros em Jerusalém.

Apesar da indignação de uma significativa maioria da população judaica, "os terroristas se orgulham do massacre e tratam de lhe dar ampla publicidade, convidando todos os correspondentes estrangeiros presentes no país para verem os montes de cadáveres e a devastação generalizada em Deir Yassin"[4]. Não há dúvida: nem todos os componentes e os membros individuais do movimento sionista se comportam dessa maneira e, seja como for, sionistas com uma longa trajetória de esquerda também promovem a fundação do Estado de Israel; mas nenhum comunista, assim como nenhum democrata, pensaria em justificar o comportamento da social-democracia alemã, no início e no curso da Primeira Guerra Mundial, com o argumento das grandes lutas populares conduzidas por esse partido no passado e do prestígio internacional por essa via acumulado. De resto, olhemos de perto a esquerda sionista, fiando-nos ainda na análise e no testemunho de Arendt. Também ela faz referência ao "movimento nacional judaico social-revolucionário", e eis como o caracteriza: trata-se de círculos certamente empenhados no prosseguimento de experiências coletivistas e de uma "rigorosa realização da justiça social no interior de seu pequeno círculo"; mas, quanto ao resto, pronto a apoiar os objetivos "chauvinistas". Em seu conjunto, estamos em presença de um "conglomerado absolutamente paradoxal de tentativas radicais e reformas sociais revolucionárias em política interna, e de métodos antiquados e totalmente reacionários em política externa, ou seja, no campo das relações entre judeus e outros povos e nações"[5]. No decorrer de sua história, o movimento comunista sempre se recusou a considerar esse "conglomerado" como esquerda, tachando-o sempre de social-chauvinismo. Tão pouco de esquerda é esse entrelaçamento de expansionismo (em detrimento dos povos coloniais) com espírito comunitário (chamado para unir

---

[4] Hannah Arendt, *Essays & Kommentare*, v. 2: *Die Krise des Zionismus* (Berlim, Tiamat, 1989), p. 114-5.
[5] Idem, *Ebraismo e modernità*, cit., p. 85-8 e 92.

o povo dominante empenhado numa difícil experiência de guerra) que uma grande personalidade judaica chega a ver nele um dos motivos até mesmo de semelhança entre sionismo e nazismo[6].

Sionismo e racismo

Chegamos, assim, ao ponto crucial. Aos fanáticos, que se escandalizam com as acusações de racismo dirigidas ao sionismo, pode-se contrapor o exemplo de laicismo e de coragem intelectual de Victor Klemperer, acima citado. Quando obrigado a se esconder para escapar à perseguição e à "solução final" que o Terceiro Reich reservou aos judeus, ele não hesita em denunciar os escritos e a ideologia de Herzl de "extraordinário parentesco com o hitlerismo" e de "profunda comunhão com o hitlerismo". Pode-se talvez chegar a uma conclusão ainda mais radical: "A doutrina da raça de Herzl é a fonte dos nazistas; são estes que copiam o sionismo, não vice-versa". Na associação entre nazismo e sionismo, temos, todavia, um "enfático norte-americanismo", ou seja, o mito de um *Far West* a ser colonizado, de um território virgem que o Terceiro Reich procura na Europa oriental e que o sionismo procura na Palestina. Não é o próprio Herzl que remete de maneira explícita ao modelo do *Far West*? O único esclarecimento é que os sionistas pretendem "tomar a posse da terra" de forma a não deixar nada à improvisação[7].

Hannah Arendt chega a conclusões não muito diversas daquelas de Klemperer. Houve uma mistura explosiva de "ultranacionalismo", "misticismo religioso" e pretensão de "superioridade racial" que serviu de estímulo para a chacina de Deir Yassin. Assumindo "a linguagem dos nacionalistas mais radicais", o sionismo se configura de maneira explícita como "pan semitismo"[8]; mas por que razão o pan-semitismo deveria ser melhor do que o pangermanismo? Herzl está obcecado pela preocupação de manter firme a identidade cultural e étnica do judaísmo: ele mesmo não declara que o sionismo deverá procurar os seus "aliados" e os seus "amigos mais devotos" entre os antissemitas, eles mesmos desejosos de evitar contaminações entre povos diversos em sua alma

---

[6] Victor Klemperer, *Ich will Zeugnis ablegen bis zum letzten*, v. 2: *Tagebücher* 1942-1945 (5. ed., Berlim, Aufbau, 1996), p. 146.
[7] Theodor Herzl, "Der Judenstaat", em Leon Kellner (org.), *Theodor Herzl's Zionistische Schrifen*, v. 1 (Berlim-Charlottenburg, Jüdischer Verlag, 1920), p. 117-8.
[8] Hannah Arendt, *Ebraismo e modernitá, cit.*, p. 101-2.

e em sua essência⁹? A partir disso, Arendt chega a uma conclusão radical: o sionismo "não é mais que a aceitação acrítica do nacionalismo de inspiração alemã". Ele assimila as nações a "organismos biológicos super-humanos"; mas também para Herzl "não existiam mais do que grupos sempre iguais de pessoas, vistas como organismos biológicos misteriosamente dotados de vida eterna"¹⁰. E, novamente, remetendo ao "nacionalismo de inspiração alemã", cheio de motivos "biológicos", somos reconduzidos ao nazismo ou, pelo menos, à ideologia sucessivamente herdada e radicalizada pelo Terceiro Reich.

Utilizei até agora os artigos e as intervenções de Arendt anteriores ao seu giro anticomunista e antimarxista ocorrido com a eclosão da Guerra Fria. Mas é interessante notar que, ainda em 1963, a filósofa não perdeu nada de sua carga desmistificadora. Em decorrência do processo Eichmann, "o ministério público denunciou as infames Leis de Nuremberg de 1935, que tinham proibido os matrimônios mistos e as relações sexuais de judeus com alemães". Contudo, no mesmo momento em que foi pronunciado esse requisitório, em Israel tinha vigência uma legislação análoga: "um judeu não pode casar com um não judeu". E não é tudo. A "lei rabínica" comporta uma série de discriminações de base étnica: "Os filhos nascidos de matrimônios mistos são, por lei, bastardos (filhos nascidos de pais judeus fora do vínculo matrimonial são legitimados), e se alguém tem por acaso uma mãe não judia, não pode se casar e não tem direito ao funeral". Sobretudo, Arendt chama a atenção sobre o entusiasmo suscitado, no seu tempo, no criminoso nazista pelas teses expressas por Herzl no seu livro *O Estado judeu*: "Depois da leitura deste famoso clássico sionista, Eichmann aderiu prontamente e para sempre às ideias sionistas"¹¹.

Talvez, nesse caso, em Klemperer e na própria Arendt, mais que uma exasperação polêmica, há um real excesso de simplificação: é difícil atribuir ao sionismo as ambições de domínio planetário e de inversão radical, em sentido reacionário, do curso da história que desempenham um papel central na ideologia e no programa político de Hitler; além do mais, não existe equivalência entre racismo e contrarracismo (ou seja, racismo de reação). Mais equilibrada, revela-se outra eminente personalidade judaica, o historiador George L. Mosse, o qual, aliás, também chama a atenção para o fato de que

---

⁹ Ibidem, p. 30 e 98.
¹⁰ Ibidem, p. 107-8 e 131.
¹¹ Idem, *La banalità del male: Eichmann a Gerusalemme* (trad. it. Piero Bernardini, 5. ed., Milão, Feltrinelli, 1993 [1963]), p. 15-6 e 48.

o sionismo pensa a "nação judaica" nos termos naturalistas propagados pelos turvos "ideais neogermânicos", que se difundem a partir do fim do século XIX, desempenhando um papel não insignificante no processo de preparação ideológica do Terceiro Reich[12].

Sobre isso será preciso continuar a refletir e a discutir, mas os gritos escandalizados surgidos a partir da Conferência de Durban querem exatamente impedir o raciocínio e a discussão.

Contudo, pelo menos um ponto resulta agora suficientemente claro. Sobre a abertura concreta do sionismo, sobre as relações sociais e "raciais" vigentes atualmente em Israel, passamos a palavra a judeus de orientação democrática, esclarecendo que de nenhum modo se trata de extremistas, já que suas intervenções são publicadas pelo *International Herald Tribune*. Pois bem, aqui podemos ler que, ainda que seja uma democracia, Israel é uma "democracia de casta segundo o modelo da antiga Atenas" (que por fundamento mantinha a escravidão dos bárbaros), ou seja, segundo o modelo do "Sul dos Estados Unidos" nos anos da discriminação racial contra os negros. O quadro que Israel apresenta é claro: "A sua minoria de árabes israelenses vota, mas tem um estatuto de segunda classe sob muitos outros aspectos. Os árabes, sob seu governo na Cisjordânia ocupada, não votam e estão privados de quase todos os direitos"[13]. A prática da discriminação contra os palestinos caminha *pari passu* com a sua "desumanização"[14].

É um fato: nos territórios de uma maneira ou de outra controlados por Israel, o acesso à terra, à educação, à água, a liberdade de movimento, o gozo dos direitos civis mais elementares, tudo depende do pertencimento étnico. Somente os palestinos correm o risco de ter a propriedade destruída, de serem deportados, de serem torturados (mesmo os que ainda são menores de idade), de serem entregues aos esquadrões da morte: e tudo isso não com base na sentença de um magistrado, mas ao arbítrio das autoridades policiais e militares, ou seja, sob a decisão soberana do primeiro-ministro. Sharon "fala ainda com orgulho da sua dura campanha contra os militantes palestinos em Gaza trinta

---

[12] George Lachmann Mosse, *Le origini culturali del Terzo Reich*, (trad. it. Francesco Saba Sardi, Milão, Il Saggiatore, 1968 [1964]), p. 270.

[13] Robert Arthur Levine, "The Jews of the Wide World Didn't Elect Sharon", *International Herald Tribune*, 5 jun. 2001, p. 8.

[14] Michael Lerner, "A Jew Gets Death Threats for Questioning Israel", *International Herald Tribune*, 23 maio 2001, p. 9.

anos atrás, quando destruía com tratores as casas e deportava os pais dos adolescentes envolvidos nos protestos"[15]. Como informa a imprensa estadunidense, é possível ser deportado não somente com base em uma suspeita mas também por vínculos de parentesco com um jovem suspeito de ter lançado uma pedra contra um soldado israelense. E corre-se esse risco sempre e somente sendo palestino. Tudo isso não é racismo?

Por outro lado, enquanto rejeita com horror a reivindicação dos refugiados palestinos de retorno à terra da qual foram expulsos pela violência, Israel convida os judeus de todo o mundo a se estabelecerem no Estado judeu e encoraja a colonização dos territórios ocupados, dos quais os palestinos continuam a ser expulsos. O que é isso senão limpeza étnica?

As árvores e a floresta

Diante da terrível evidência da realidade, como parecem retrógrados os apelos que certa esquerda dirige aos palestinos e árabes para que não se ocupem de problemas muito "complexos", como o sionismo e o racismo de Israel, concentrando-se em vez disso na crítica ou na condenação de Sharon! Mas, por parte da esquerda ocidental, essa condenação está pelo menos à altura da situação? Ao fim de 1948, por ocasião da visita de Begin aos Estados Unidos, Arendt apelava à mobilização contra o responsável pela chacina de Deir Yassin, fazendo notar que o partido por ele dirigido era "estreitamente aparentado com os partidos nacional-socialistas e fascistas"[16]. Por que a esquerda ocidental não ousa se exprimir com a mesma clareza em relação ao responsável pelo massacre de Sabra e Chatila?

Além disso, ainda que a condenação de Sharon estivesse à altura dos crimes, nem por isso o assunto poderia considerar-se encerrado. Com a mesma lógica, sob a qual certa esquerda convida a deixar de lado a questão do racismo de Israel e do papel do sionismo, nós nos poderíamos perguntar: por que não nos limitarmos à denúncia do governo de Berlusconi (ou dos precedentes governos Amato e D'Alema) em vez de criticarmos o capitalismo? E por que não centrarmos fogo sobre Bush filho (ou sobre Clinton ou Bush pai) em vez de trazermos à discussão o imperialismo? É a lógica dos reformistas mais medíocres e mais

---

[15] Lee Hockstader, "Palestinian Authority Described as 'Terrorist'", *International Herald Tribune*, 1º mar. 2001, p. 4.

[16] Hannah Arendt, *Essays & Kommentare*, cit., p. 113.

miúdos: estão dispostos – bondade deles – a dar uma olhada nessa ou naquela árvore, mas "ai" de quem lhes acenar para a existência de uma floresta!

Contudo, se não se olha para a floresta, será impossível não só resolver positivamente a tragédia do povo palestino como também analisá-la de modo adequado. Essa tragédia não teve início com Sharon, com Barak nem mesmo com os governos anteriores. De "injustiça perpetrada contra os árabes", Arendt[17] fala já em 1946, e nessa mesma circunstância afirma que a fundação de Israel "tem pouco a ver com uma resposta aos antissemitas". Com efeito, basta folhear Herzl, ainda que rapidamente, para se dar conta de que para ele a contradição principal é a que contrapõe os "judeus fiéis à estirpe" aos judeus "assimilados", acusados de fazer o jogo dos que gostariam do "ocaso dos judeus mediante miscigenação" e de praticar matrimônios mistos (e por matrimônios mistos estão compreendidos também aqueles entre judeus convertidos e judeus "fiéis à estirpe" e à religião[18]).

A ferocidade do antissemitismo (que culmina no horror de Auschwitz) tem indubitavelmente alimentado de maneira poderosa o movimento sionista, mas os seus fundadores sempre declararam abertamente que a opção sionista é independente do antissemitismo e continuaria a ser válida "ainda que o antissemitismo desaparecesse completamente do mundo"[19]. Emprestando as palavras de Arendt, o sionismo está empenhado em utilizar o antissemitismo como "o fator mais saudável da vida judaica", como a "força motriz" primeiro da criação e depois do desenvolvimento do Estado judeu[20].

Particularmente instrutiva é a recente visita de Sharon a Moscou. Ele observou o desenvolvimento na Rússia da vida cultural e religiosa da comunidade judaica: é uma espécie de "época de ouro". Então, tudo bem? Pelo contrário, e o primeiro-ministro israelense assim prosseguiu: "Isso me preocupa, pelo fato de que nós temos necessidade de outro milhão de judeus russos"[21]. O que angustia Sharon não é o perigo do antissemitismo, mas, pelo contrário, o da assimilação. Tornam-se agora evidentes os resultados desastrosos aos quais conduz a

---

[17] Idem, *Ebraismo e modernità*, cit., p. 133.
[18] Theodor Herzl, *Theodor Herzl's Zionistische Schriften*, cit., p. 52 e 49.
[19] Max Nordau, *Der Zionismus: Neue, vom Verfasser Vollständig Umgearbeitete und Bis Zur Gegenwart Fortgeführte Auflage* (Viena, Buchdruckerei Hélios, 1913), p. 5.
[20] Hannah Arendt, *Ebraismo e modernità*, cit., p. 125.
[21] William Safire, "Sharon in Moscow, Sword in Hand", *International Herald Tribune*, 8 set. 2001, p. 4.

tendência a observar as árvores isoladamente, desinteressando-se da floresta no seu complexo. Critica-se a política de colonização dos territórios ocupados, mas cala-se sobre o convite aos judeus russos (ou estadunidenses, ou alemães e de todo o mundo) para migrar maciçamente a Israel: como se entre as duas coisas não houvesse nenhum nexo! Se, ao contrário, queremos captar tal nexo, devemos ousar olhar para a floresta. Essa floresta é o sionismo, o colonialismo sionista, com as práticas racistas que toda forma de colonialismo comporta.

Refugiar-se na "complexidade" para evitar a obrigação intelectual e moral de exprimir um julgamento sobre o sionismo significa assumir uma atitude similar à do revisionismo histórico, o qual também não se cansa de sublinhar a "complexidade" do fascismo, por exemplo. E não sem alguma razão, dado que, em seu tempo, o próprio Palmiro Togliatti alertou contra as simplificações apressadas, chamando a atenção para o fato de que o fascismo é sim um movimento reacionário, mas que, pelo menos por certo período de tempo, graças também à sua demagogia social, chegou a ter uma base de massa e até mesmo a atrair intelectuais que sucessivamente amadureceriam uma nítida opção pela esquerda. É uma lição de método que ultrapassa a análise do fascismo. Remeter à complexidade é legítimo e fecundo quando estimula uma articulação mais rica e concreta do julgamento histórico, chamado a dar conta dos elementos de diferenciação e contradição que sempre irrompem no processo de desenvolvimento de um fenômeno histórico complexo. Outras vezes, contrariamente, remeter à complexidade é uma fuga ao julgamento histórico, é um abandonar-se à mística da inefabilidade: é expressão de vontade mistificadora, ou seja, de covardia.

A CAUSA ANTISSIONISTA DOS PALESTINOS E A CAUSA DOS JUDEUS PROGRESSISTAS

Negar que o sionismo e a fundação do Estado de Israel sejam, em primeiro lugar, a resposta ao antissemitismo e afirmar que desde o início os palestinos sofreram uma injustiça significa que se deva lutar pela destruição do Estado de Israel? Na fundação dos Estados Unidos, há um crime originário contra os peles-vermelhas e os negros, todavia ninguém pensa em mandar os brancos de volta à Europa, os negros à África ou em despertar os peles-vermelhas do sono eterno. Desde o seu início, Israel tratou os palestinos em parte como se fossem peles-vermelhas (privando-os de suas terras e submetendo-os a dizimações), em parte como se fossem negros (discriminados, torturados, humilhados); na melhor das hipóteses, constrangendo-os a ocupar os segmentos inferiores do mercado de trabalho. O reconhecimento desse crime originário é o primeiro pressuposto para que possa haver justiça e reconciliação. Mas uma crítica tão radical a Israel e ao próprio sionismo não corre o risco de realimentar o antissemitismo? Hannah Arendt ridiculariza o mito de um antissemitismo eterno. É um mito que afunda suas raízes no sionismo. Pelo menos os seus expoentes mais radicais, a partir de sua visão naturalista da nação, tendem a instituir uma contraposição natural e eterna "entre os judeus e os gentios". Ou seja, o mito do antissemitismo eterno afunda suas raízes em uma visão densa de humores racistas. Em todo caso, é evidente o componente chauvinista dessa visão. Herzl não afirma que "uma nação é um grupo de pessoas unidas por um inimigo comum"? É a partir de tal "teoria absurda" – observa a corajosa pensadora de origem judaica – que os sionistas cultivam o mito do antissemitismo eterno[22]. São observações que remontam a 1945, mas que hoje são mais atuais que nunca.

Ainda depois de seu giro em sentido anticomunista e antimarxista, em 1963, Arendt declara que o "antissemitismo, graças a Hitler, ficou desacreditado, talvez não para sempre, mas certamente pelo menos para a época atual"[23]. Por sua vez, um conhecido cientista político estadunidense escreveu que, em nossos dias, "na Europa ocidental, o antissemitismo contra os judeus foi em larga medida suplantado pelo antissemitismo contra os árabes"[24]. Na realidade, isso vale não somente para as metrópoles urbanas na Europa ocidental mas também e, sobretudo, para o Oriente Médio.

A autenticidade do envolvimento contra o racismo se mede não pela homenagem, ainda que devida, às vítimas do passado, mas, em primeiro lugar, pelo apoio às vítimas atuais. Se não sabe se apropriar profundamente da causa do povo palestino, a luta contra o racismo é somente uma frase vazia. É para ficar atônito, então, quando se lê em um "diário comunista" o convite para deixar "o antissemitismo – ou o antissionismo por princípio – aos racistas"[25]. A autora dessa afirmação, ou melhor, dessa assimilação, ao mesmo tempo que se recusa a considerar a acusação de colonialismo e de racismo dirigida ao sionismo, de fato não hesita em tachar de racistas, entre outros, Victor Klemperer e Hannah

---

[22] Hannah Arendt, *Ebraismo e modernità*, cit., p. 90 e 97-8.
[23] Idem, *La banalità del male: Eichmann a Gerusalemme*, cit., p. 18-19.
[24] Samuel Phillips Huntington, *The Clash of Civilizations and the Remaking of World Order* (Nova York, Simon & Schuster, 1996), p. 293.
[25] Rina Gagliardi, "Discutendo di sionismo e sinistra", *Liberazione*, 29 ago. 2001, p. 8.

Arendt. Quando esta última, em 1963, publica *Eichmann em Jerusalém: um relato sobre a banalidade do mal*, com as suas flechas apontadas ao sionismo e à tentativa de Israel de instrumentalizar o processo contra os árabes, torna-se alvo de acusação de antissemitismo. Na França, o semanário *Nouvel Observateur*, ao publicar trechos do livro (escolhidos com perfídia), pergunta-se sobre a autora: "*Est-elle nazie?*" (Ela é nazista?[26]).

Essa campanha não cessou, ainda que agora tenha na mira alvos considerados mais cômodos. Das colunas do *International Herald Times*, expoentes progressistas da comunidade judaico-estadunidense lançaram um grito de alarme: não somente os palestinos são objetos de "desumanização" mas também os judeus que exprimem um julgamento crítico complexo sobre Israel, chegando às vezes a colocar em discussão o sionismo enquanto tal. É uma atitude que lhes pode custar caro, porque, além dos insultos, eles recebem repetidas ameaças de morte[27]. Aceitando acriticamente a equiparação entre antissionismo e antissemitismo propalada pelos dirigentes de Israel, certa esquerda trai não só a luta dos palestinos mas também a dos judeus progressistas em Israel e no mundo, sob certos aspectos, não menos difícil e não menos corajosa.

---

[26] Amos Elon, "The Case of Hannah Arendt", *The New York Review of Books*, 6 nov. 1997, p. 25 e 29.

[27] Michael Lerner, "A Jew Gets Death Threats for Questioning Israel", cit.

ESTENDE-SE O DOMÍNIO DA MANIPULAÇÃO: O QUE ACONTECE NA SÍRIA?*

Já há alguns dias, misteriosos grupos atiram contra os manifestantes e, sobretudo, contra os presentes nos funerais subsequentes ao derramamento de sangue. Quem constitui esses grupos? As autoridades sírias dizem que se trata de provocadores, em sua maioria ligados a serviços secretos estrangeiros. No Ocidente, por sua vez, mesmo na esquerda não se hesita em endossar a tese proclamada, em primeiro lugar, pela Casa Branca: são sempre e tão somente os agentes sírios a disparar contra os civis. Será Obama a voz da verdade? A agência síria SANA faz referência ao sequestro de "garrafas de plástico cheias de sangue" utilizadas para "produzir vídeos amadores falsificados" de mortos e feridos entre os manifestantes. Como ler esta notícia, que retomo do artigo de L. Trombetta em *La Stampa* de 24 de abril? Talvez estas páginas, extraídas de um ensaio meu que em breve será publicado, possam contribuir para iluminá-la. Se alguém se estarrecer ou se mostrar incrédulo ao ler o conteúdo deste texto, saiba que as fontes utilizadas são quase exclusivamente "burguesas" (ocidentais e pró-ocidentais).

"Amor e verdade"

Nos últimos tempos, sobretudo pelas intervenções públicas da secretária de Estado Hillary Clinton, a administração Obama não perde uma ocasião para celebrar a internet, o Facebook e o Twitter enquanto instrumentos de difusão da verdade e de promoção, indiretamente, da paz. Somas consideráveis foram

---

* Traduzido do italiano por Diego Silveira. Publicação original em italiano em Rede Voltaire, 27 abr. 2011. Disponível em: <https://www.voltairenet.org/article170553.html>; acesso em: 7 ago. 2020.

distribuídas por Washington a fim de potencializar esses instrumentos e torná-los invulneráveis às censuras e aos ataques dos "tiranos". Na realidade, tanto para os novos meios de comunicação quanto para os mais tradicionais, vale a mesma regra: eles sempre podem ser instrumentos de manipulação e de incitação ao ódio e, até mesmo, à guerra. Nesse sentido é que a rádio foi sabiamente utilizada por Goebbels e pelo regime nazista.

No decorrer da Guerra Fria, mais do que um instrumento de propaganda, as transmissões de rádio constituíam uma arma para ambas as partes envolvidas no conflito: a construção de uma eficiente *Psychological Warfare Workshop* [Oficina de Guerra Psicológica] é uma das primeiras tarefas atribuídas à CIA. A manipulação cumpre um papel essencial também para o fim da Guerra Fria. Enquanto isso, ao lado da rádio, interveio a televisão. Em 17 de novembro de 1989, a Revolução de Veludo triunfa em Praga agitando uma palavra de ordem gandhiana: "Amor e verdade". Na realidade, a notícia falsa de que um estudante foi "brutalmente assassinado" pela polícia cumpre papel decisivo. Isso é o que revela com satisfação, vinte anos mais tarde, "um jornalista e líder da dissidência, Jan Urban", protagonista da manipulação. Sua "mentira" teve o mérito de suscitar a indignação das massas e a queda de um regime já instável.

No final de 1989, embora já amplamente desacreditado, Nicolae Ceausescu ainda está no poder na Romênia. Como derrubá-lo? Os meios de comunicação de massa ocidentais difundem maciçamente junto à população romena informações e imagens do "genocídio" levado a cabo pela polícia de Ceausescu em Timisoara. O que acontecera de fato? Com a palavra, um ilustre filósofo, Giorgio Agamben, que nem sempre demonstra criticidade em relação à ideologia dominante, mas que sintetizou magistralmente o caso que aqui tratamos:

> Pela primeira vez na historia da humanidade, cadáveres há pouco enterrados ou alinhados sobre as mesas dos necrotérios foram desenterrados às pressas e torturados para simular diante das câmeras de televisão o genocídio que devia legitimar o novo regime. O que o mundo inteiro via ao vivo, como a verdade verdadeira nas telas de televisão, era a absoluta não-verdade; e, embora a falsificação fosse às vezes evidente, ela era, no entanto, autenticada como verdadeira pelo sistema mundial das mídias, para que ficasse claro que a verdade já não era mais senão um momento no movimento necessário do falso.

Dez anos mais tarde, a técnica recém-descrita é de novo posta em ação, com êxito renovado. Uma campanha martela o horror a fim de atribuí-lo à

Iugoslávia, cujo desmembramento já está programado e contra a qual já se prepara uma guerra humanitária:

> O massacre de Racak é horripilante, com mutilações e cabeças cortadas. É um cenário ideal para despertar a indignação da opinião pública internacional. Mas algo parece estranho naquela carnificina. Os sérvios normalmente matam sem mutilar. [...] Como demonstra a Guerra da Bósnia, as denúncias de atrocidades sobre os corpos, sinais de torturas, decapitações, são uma arma de propaganda imprecisa. [...] Talvez não tenham sido os sérvios, mas os guerrilheiros albaneses, que mutilaram os corpos.

Mas, àquela altura, os guerrilheiros do Exército de Libertação do Kosovo (UÇK) não podiam ser suspeitos de tal infâmia: eles eram os *freedom fighters*, os lutadores da liberdade. Hoje, no Conselho da Europa, o líder do UÇK e pai da pátria no Kosovo, Hashim Thaci, "é acusado de dirigir um clã político--criminoso nascido às vésperas da guerra" e dedicado ao tráfico não apenas de heroína mas também de órgãos humanos. Eis o que ocorria, sob sua direção, no curso da guerra: "Uma granja em Rripë, na Albânia central, transformada por homens do UÇK em sala de operações, tem como pacientes os prisioneiros de guerra sérvios: um golpe na nuca antes de extirpar os seus rins, com a cumplicidade de médicos estrangeiros" (presumivelmente ocidentais). E assim vem à luz a realidade da "guerra humanitária" de 1999 contra a Iugoslávia, cujo desmembramento foi concluído nesse período. No Kosovo, por sua vez, permanece ativa e atuante uma enorme base militar estadunidense.

Pulemos mais alguns anos adiante. A revista francesa de geopolítica *Hérodote* destacou o papel essencial desenvolvido, no decorrer da Revolução das Rosas, ocorrida no final de 2003, na Geórgia, pelas redes de televisão controladas pela oposição georgiana e pelas redes de televisão ocidentais. As emissoras transmitem incessantemente a imagem (mais tarde revelada falsa) da mansão que seria a prova da corrupção de Eduard Shevardnadze, o líder que então se pretendia derrubar. Após a proclamação dos resultados eleitorais que, mesmo assim, consagram a vitória de Shevardnadze e que são tachados de fraudulentos pela oposição, esta decide organizar uma marcha em Tiblissi, que marcaria "a chegada simbólica à capital, ainda que pacífica, de todo um país em cólera". Apesar da convocatória feita por todos os cantos do país e com vasto uso de meios propagandísticos e financeiros, naquele dia foram à marcha entre 5 mil e 10 mil pessoas: "não é nada para a Geórgia"! Todavia, graças a uma direção sofisticada e de grande profissionalismo, o canal televisivo de maior capilaridade no país consegue comunicar uma mensagem totalmente distinta: "A imagem está lá, poderosa, de um povo inteiro que segue seu futuro presidente". Agora, as autoridades políticas estão deslegitimadas, o país está desorientado e confuso e a oposição está mais arrogante e agressiva do que nunca, pois encorajada e protegida pelos meios de comunicação internacionais e pelas chancelarias ocidentais. Está maduro o golpe de Estado que levará ao poder Mikheil Saakashvili, que estudou nos Estados Unidos, fala inglês perfeitamente e tem plenas condições de compreender as ordens de seus superiores.

Internet como instrumento de liberdade

Vejamos agora os novos meios de comunicação, particularmente caros à senhora Clinton e à administração Obama. No verão de 2009, podia-se ler em um importante jornal italiano:

> Já há alguns dias, circula no Twitter uma imagem de procedência incerta. [...] Diante de nós, um fotograma de profundo valor simbólico: uma página de nosso presente. Uma mulher com o véu preto, vestindo uma camiseta verde e calça jeans: extremo Oriente e extremo Ocidente juntos. Ela está só, de pé. Seu braço direito levantado e o punho fechado. De frente para ela, imponente, o para-choque de uma SUV, de cujo teto emerge, solene, Mahmoud Ahmadinejad. Atrás, os guarda-costas. O jogo de gestos impacta: de desesperada provocação, por parte da mulher; místico, por parte do presidente iraniano.

Trata-se de uma fotomontagem, que certamente parece "verossímil", de modo a conseguir mais eficazmente "condicionar ideias, crenças". Em contrapartida, abundam as manipulações. No final de junho de 2009, os novos meios de comunicação no Irã e todos os meios de informação ocidentais espalham a imagem de uma bela jovem atingida por uma bala: "Começa a sangrar, perde a consciência. Em poucos segundos, ela está morta. Ninguém sabe dizer se foi atingida no fogo cruzado ou deliberadamente". Mas a busca pela verdade é o que menos importa: seria de toda forma uma perda de tempo e poderia até mesmo ser contraproducente. O essencial é outra coisa: "agora, a revolta tem um nome: Neda". Agora é possível difundir a mensagem desejada: "Neda inocente contra Ahmadinejad" ou "uma juventude corajosa contra um regime covarde". E a mensagem se torna irresistível: "É impossível ver na internet, de modo frio e objetivo, o vídeo de Neda Soltani, a breve sequência em que o pai da jovem mulher e um médico tentam salvar a vida da iraniana de 26 anos". Como no caso da fotomontagem, também no caso da imagem de Neda, estamos diante de uma manipulação sofisticada, atentamente estudada e calibrada em todos seus detalhes (gráficos, políticos e psicológicos), a fim de desacreditar os dirigentes iranianos e torná-los o mais detestáveis possível.

E assim chegamos ao "caso líbio". Acerca deste, uma revista italiana de geopolítica falou sobre o "uso estratégico do falso", como se confirma em primeiro lugar pela "desconcertante história das falsas fossas comuns" (e de outros detalhes que já mencionei). A técnica é aquela testada e posta em prática por décadas, mas que agora, com o advento dos novos meios de comunicação, adquire uma eficácia mortal: "A luta vem em primeiro lugar representada como um duelo entre o poderoso e o débil indefeso, para depois ser rapidamente transformada numa contraposição entre o Bem e o Mal absolutos". Nessas circunstâncias, longe de serem instrumentos de liberdade, os novos meios de comunicação produzem o resultado oposto. Estamos diante de uma técnica de manipulação que "restringe fortemente a liberdade de escolha dos espectadores"; "os espaços para a análise racional são reduzidos ao máximo, o que se faz especialmente explorando o efeito emotivo da rápida sucessão das imagens".

E, assim, fica valendo também para os novos meios de comunicação a regra já válida para a rádio e a televisão: os instrumentos, os potenciais instrumentos de liberdade e emancipação (intelectual e política) podem-se transformar – e, hoje em dia, normalmente se transformam – em seu contrário. Não é difícil prever que a representação maniqueísta do conflito na Líbia não durará muito; mas, enquanto isso, Obama e seus aliados esperam alcançar seus objetivos, que não são propriamente humanitários, ainda que a "novilíngua" insista em defini-los como tais.

Espontaneidade da internet

Mas voltemos à fotomontagem que mostra uma dissidente iraniana desafiando o presidente de seu país. O autor do artigo por mim citado não se questiona sobre os artifícios de uma manipulação tão sofisticada. Gostaria de tentar remediar essa lacuna. Já no final dos anos 1990, lia-se no *International Herald Tribune*: "As novas tecnologias mudaram a política internacional". Quem tinha condições de controlá-las via aumentar desmesuradamente o seu próprio poder e a sua capacidade de desestabilizar os países mais frágeis e tecnologicamente menos avançados.

Estamos diante de um novo capítulo da guerra psicológica. Até mesmo neste campo os Estados Unidos estão na vanguarda, baseados em várias décadas de pesquisas e experimentos. Alguns anos atrás, Rebecca Lemov, antropóloga da Universidade do Estado de Washington, publicou um livro que "ilustra as desumanas tentativas da CIA e de alguns dos maiores psiquiatras de 'destruir e reconstruir' a mente dos pacientes nos anos 1950". Isso explica um feito que se desenrola no mesmo período. Em 16 de agosto de 1951, fenômenos estranhos e inquietantes abalaram Pont-Saint-Esprit, "uma tranquila e pitoresca cidadezinha" localizada "no sudeste da França". Sim, "a localidade foi movida por uma misteriosa onda de loucura coletiva. Pelo menos cinco pessoas morreram, dezenas foram para o manicômio, centenas apresentaram sinais de delírio e de alucinações. [...] Muitos acabaram no hospital com camisas de força". O mistério que por muito tempo envolveu essa repentina explosão de "loucura coletiva" agora está desvendado: tratou-se de "um experimento conduzido pela CIA, junto à Divisão de Operações Especiais (SOD), a unidade secreta do Exército estadunidense de Fort Detrick, em Maryland". Os agentes da CIA "contaminaram com LSD os pães vendidos nas padarias do país", resultando no que vimos. Estamos nos primeiros anos da Guerra Fria. Sem dúvida, os Estados Unidos eram aliados da França, e foi exatamente por isso que esta se prestou aos experimentos de guerra psicológica que tinham como alvo o "campo socialista" (e a revolução anticolonial), mas que dificilmente poderiam ser efetuados nos países localizados para além da Cortina de Ferro.

Agora, façamos uma pergunta: a excitação e a incitação em massa só podem ser produzidas pela via farmacológica? Com o advento e a expansão da internet, do Facebook e do Twitter, emergiu uma nova arma capaz de modificar profundamente as relações de força no plano internacional. Isso não é segredo para mais ninguém. Nos dias de hoje, nos Estados Unidos, um mestre da sátira televisiva, Jon Stewart, exclama: "Mas por que enviamos exércitos se derrubar as ditaduras via internet é tão fácil quanto comprar um par de sapatos?". Por sua vez, numa revista próxima ao Departamento de Estado, um estudioso chama a atenção para "como é difícil militarizar" (*to weaponize*) os novos meios de comunicação tendo em vista os objetivos de curto prazo e ligados a um país determinado. É melhor perseguir objetivos de amplo alcance. As nuances podem diferir, mas o significado militar das novas tecnologias segue de qualquer forma explicitamente destacado e reivindicado.

Mas a internet não é a própria expressão da espontaneidade individual? Somente os ingênuos (e os mais incautos) argumentam assim. Na realidade – reconhece Douglas Paal, colaborador tanto de Reagan quanto de Bush Jr. –, a internet atualmente é "gerida por uma organização não governamental que, de fato, não passa de um braço do Departamento de Comércio dos Estados Unidos". Será que se trata apenas de comércio? Um jornal de Pequim relembra um fato há muito tempo esquecido: quando a China pediu pela primeira vez para ter acesso à internet, em 1992, seu pedido foi rejeitado, alegando-se o perigo de que o grande país asiático pudesse "obter informações sobre o Ocidente". Agora, no entanto, Hillary Clinton reivindica a "absoluta liberdade" da internet enquanto valor universal irrenunciável. Mesmo assim – comenta o jornal chinês –, "o egoísmo dos Estados Unidos não mudou".

Talvez não se trate apenas de comércio. Acerca disso, o semanário alemão *Die Zeit* pede esclarecimentos a James Bamford, um dos maiores especialistas sobre os serviços secretos estadunidenses: "Em última análise, os chineses temem que empresas estadunidenses como o Google sejam instrumentos dos serviços secretos estadunidenses em pleno território chinês. Não seria uma postura paranoica?". "Definitivamente, não" – responde prontamente. Aliás – acrescenta o especialista –, inclusive "organizações e instituições estrangeiras estão infiltradas" pelos serviços secretos dos Estados Unidos, que são, além de tudo, capazes de interceptar as ligações telefônicas em cada canto do planeta e devem ser considerados os maiores *hackers* do mundo. Não cabem mais dúvidas – reiteram, sempre no *Die Zeit*, dois jornalistas alemães:

> Os grandes grupos da internet se transformaram em instrumento da geopolítica estadunidense. Antes, eram necessárias cansativas operações secretas para apoiar movimentos políticos em países distantes. Hoje, basta um pouco de técnica da comunicação, posta em prática no Ocidente. [...] O serviço secreto tecnológico dos Estados Unidos, a Agência de Segurança Nacional, está criando uma organização completamente nova para as guerras na internet.

À luz de tudo isso, convém relermos alguns acontecimentos recentes de difícil explicação. Em julho de 2009, incidentes sangrentos aconteceram na cidade de Ürümqi e em Xinjiang, região chinesa majoritariamente habitada pelos uigures. Seriam a discriminação e a opressão contra as minorias étnicas e religiosas a razão desses acontecimentos? Tal abordagem não parece muito plausível, ao menos se julgarmos por aquilo que, direto de Pequim, afirma o correspondente do *La Stampa*:

Muitos *hans* de Ürümqi se queixam dos privilégios desfrutados pelos uigures. Estes, de fato, enquanto minoria nacional muçulmana, têm condições de trabalho e de vida muito melhores que as de seus pares da etnia *han*. No escritório, um uigur tem permissão para suspender seu trabalho várias vezes ao dia, a fim de realizar as tradicionais cinco orações muçulmanas diárias. [...] Além disso, podem folgar às sextas-feiras, dia de folga muçulmano. Em tese, deveriam recuperar o atraso no domingo. Contudo, aos domingos, os escritórios estão desertos. [...] Outro ponto doloroso para os *hans*, submetidos à dura política que impõe um único filho por família, é o fato de que os uigures podem ter de dois a três filhos. Como muçulmanos, ademais, eles têm ressarcimentos no salário, pois, como não podem comer carne de porco, comem carne de carneiro, que é mais cara.

À luz de tudo isso, parecem ser ao menos unilaterais as acusações do Ocidente contra o governo de Pequim de querer cancelar a identidade nacional e religiosa dos uigures. O que acontece, então? Reflitamos sobre a dinâmica dos incidentes. Numa cidade costeira da China, onde, não obstante as distintas tradições culturais e religiosas existentes, *hans* e uigures trabalham lado a lado, espalha-se repentinamente o boato de que uma jovem *han* foi estuprada por operários uigures; disso resultam incidentes em que dois uigures perdem a vida. O boato que provocou essa tragédia é falso, mas logo se difunde um boato ainda mais rumoroso e funesto: a internet divulga a notícia de que, na cidade costeira da China, centenas de uigures teriam perdido a vida, massacrados pelos *hans*, sob os olhares indiferentes e até mesmo complacentes da polícia. Resultado: tumultos étnicos em Xinjiang, que provocam a morte de quase duzentas pessoas, desta vez quase todas *hans*.

Pois bem, estamos diante de uma coincidência desafortunada e fortuita de circunstâncias ou da difusão de boatos falsos e tendenciosos que visavam exatamente ao resultado que se verificou? Chegamos a um ponto em que se torna praticamente impossível distinguir a verdade da manipulação. Uma firma estadunidense realizou "programas que permitiriam a um sujeito empenhado numa campanha de desinformação assumir simultaneamente até setenta identidades (perfis de redes sociais, contas em fóruns etc.), gerindo-as paralelamente – tudo isso sem que se possa descobrir quem puxa as cordas dessas marionetes virtuais". Quem recorre a esses programas? Não é difícil adivinhar. O jornal aqui citado, insuspeito de antiamericanismo, aponta que a empresa em questão "fornece serviços a várias agências governamentais dos Estados Unidos, como a CIA e o Ministério da Defesa". A manipulação das massas celebra seus triunfos enquanto a linguagem do Império e a "novilíngua" se tornam, na boca de Obama, mais doces e atraentes que nunca.

Retorna à memória a "experiência conduzida pela CIA" no verão de 1951, que produziu "uma misteriosa onda de loucura coletiva" na "tranquila e pitoresca cidadezinha" francesa de Pont-Saint-Esprit. Uma vez mais, somos obrigados a fazer a pergunta: será a "loucura coletiva" produzida apenas pela via farmacológica ou hoje pode ser o resultado também do recurso às "novas tecnologias" da comunicação de massa?

Tudo isso explica os recursos que Hillary Clinton e a administração Obama dirigem aos novos meios de comunicação de massa. Vimos que a realidade das "guerras na internet" já é reconhecida até mesmo por notáveis órgãos da imprensa ocidental. Porém, na linguagem do Império e na "novilíngua", a promoção das "guerras na internet" se torna a promoção da liberdade, da democracia e da paz.

Os alvos dessas operações não ficam inertes. Como em qualquer guerra, os fracos tentam reduzir sua desvantagem aprendendo com os mais fortes, que então gritam, escandalizados: "No Líbano, quem controla os novos meios de comunicação de massa e as redes sociais não são as forças políticas pró-ocidentais, apoiadoras do governo de Saad Hariri, mas o 'Hezbollah'". Essa observação deixa escapar um lamento: ah, como seria bom se, tal como aconteceu com a bomba atômica e as mais sofisticadas armas (propriamente ditas), as "novas tecnologias" e as novas armas de informação e desinformação de massa também fossem monopólio dos países que infligem um martírio interminável ao povo palestino e que gostariam de continuar exercendo no Oriente Médio uma interminável ditadura terrorista! O fato é – lamenta Moises Naim, diretor da *Foreign Policy* – que os Estados Unidos, Israel e o Ocidente já não enfrentam mais os "cibertontos" de outrora. Estes "contra-atacam com as mesmas armas, fazem uso da contrainformação, envenenam os poços" – uma verdadeira tragédia do ponto de vista dos pretensos defensores do "pluralismo". Na linguagem do Império e na "novilíngua", a tímida tentativa de criar um espaço alternativo àquele gerido ou hegemonizado pela superpotência solitária se torna "envenenamento dos poços".

SEGUNDA PARTE
IMPERIALISMO, GUERRA E LUTA PELA PAZ

PALMIRO TOGLIATTI E A LUTA PELA PAZ ONTEM E HOJE*

> *"Uma das principais qualidades dos bolcheviques [...], um dos pontos fundamentais da nossa estratégia revolucionária é a capacidade de compreender a todo momento qual é o inimigo principal e de saber concentrar todas as forças contra esse inimigo."*
>
> (Relatório ao VII Congresso da Internacional Comunista)

Democracia e paz?

Convém observar inicialmente os movimentos durante a Guerra Fria. Para esclarecer de quais momentos se trataria, limito-me a alguns particulares. Em janeiro de 1952, para superar a situação de impasse nas operações militares na Coreia, o presidente estadunidense Harry S. Truman acalentava uma ideia tão radical que até registrou em uma anotação de diário: podia-se dar um ultimato à União Soviética e à República Popular da China, esclarecendo antecipadamente que a não obediência "significaria que Moscou, São Petersburgo, Mukden, Vladivostok, Pequim, Xangai, Port Arthur, Dalian, Odessa, Stalingrado e toda

---

* Traduzido do italiano por Maria Lucilia Ruy. Publicado primeiro em português na revista *Princípios*, n. 142, maio jun. jul. 2016. Disponível em: <http://www.revistaprincipios.com.br/artigos/142/teoria/224/a-luta-pela-paz-ontem-e-hoje-relendo-palmiro-togliatti.html>; acesso em: 2 jun. 2020. O original vem acrescido da seguinte nota assinada por Domenico Losurdo: "Em 28 de maio de 2016, ocorreu o Congresso "Palmiro Togliatti, a via italiana: passado e futuro do comunismo", organizado pela Escola de Formação Política "Gramsci--Togliatti" e desenvolvido próximo à sede da escola, em Campoleone (Roma). À espera da publicação dos documentos, coloco à disposição dos interessados o meu relatório".

a instalação industrial na China e na União Soviética teriam sido destruídas"[1]. Não se tratava de um sonho, horripilante como se queria, e sem contato com a realidade: naqueles anos, a arma atômica era agitada contra a China, que estava empenhada em concluir a revolução anticolonial e em obter a independência nacional e a integridade territorial. A ameaça se tornava muito mais crível por causa da lembrança, ainda viva e terrível, de Hiroshima e Nagasaki: as duas bombas atômicas lançadas sobre o Japão agonizante, mas também, ou em primeiro lugar, com o olhar voltado – em relação a isso concordam respeitáveis historiadores estadunidenses[2] – para a União Soviética. De resto, estavam sendo ameaçadas não apenas a União Soviética e a República Popular da China. Em 7 de maio de 1954, em Dien Bien Phu, no Vietnã, um exército popular orientado pelo Partido Comunista derrotou as tropas de ocupação da França colonialista. Às vésperas da batalha, o secretário de Estado estadunidense, Foster Dulles, disse ao primeiro-ministro francês Georges Bidault: "E se lhes déssemos duas bombas atômicas?" (para usar, é claro, imediatamente contra o Vietnã)[3].

Embora não tenham recuado nem mesmo diante da perspectiva de um holocausto nuclear para conter a revolução anticolonial (fundamental elemento integrante da revolução democrática), naqueles anos os Estados Unidos e os seus aliados divulgavam a Organização do Tratado do Atlântico Norte (Otan) por eles fundada como uma contribuição à causa da democracia e da paz. É nesse contexto que está inserido o discurso de março de 1949, pronunciado por Togliatti na Câmara dos Deputados, no debate sobre a adesão da Itália à Aliança Atlântica:

> A principal das suas teses é a de que as democracias, como vocês as chamam, não fazem as guerras. Mas, senhores, por quem nos tomam? Acreditam verdadeiramente que não temos um mínimo de cultura política ou histórica? Não é verdade que as democracias não fazem guerras: todas as guerras coloniais dos séculos XIX e XX foram feitas por regimes que se qualificavam como democráticos. Assim os Estados Unidos fizeram uma guerra de agressão contra a Espanha para estabelecer o seu domínio em uma parte do mundo que lhes interessava; fizeram

---

[1] Michael Sherry, *In the Shadow of War: the United States since the 1930s* (New Haven/Londres, Yale University Press, 1995), p. 182.
[2] Gar Alperovitz, *The Decision to Use the Atomic Bomb: and the Architecture of an American Myth* (Nova York, Knopf, 1995).
[3] André Fontaine, *Storia della guerra fredda: dalla guerra di Corea alla crisi delle alleanze 1950--1967*, v. 2 (trad. it. Rino Dal Sasso, Milão, Il Saggiatore, 1968 [1967]), p. 118.

uma guerra contra o México para conquistar determinadas regiões onde havia importantes fontes de matérias-primas; fizeram a guerra ao longo de algumas décadas contra tribos indígenas peles-vermelhas para destruí-las, dando um dos primeiros exemplos daquele crime de genocídio hoje juridicamente qualificado e que deveria no futuro ser punido legalmente.[4]

Não se deveria nem mesmo esquecer a "cruzada das 19 nações", como foi chamada então por Churchill, contra a Rússia soviética; e, aliás, estava à vista de todos a guerra da França contra o Vietnã, naquele momento em pleno desenvolvimento.

Portanto, bem longe de serem sinônimo de paz, as democracias burguesas se tornavam – e continuaram sendo – responsáveis por guerras não poucas vezes de caráter genocida. Em todo caso, aos olhos do dirigente do comunismo italiano, acreditar na tese de que a democracia burguesa estaria livre de impulsos bélicos significaria não possuir "cultura política ou histórica". Mas tal cultura realmente desapareceria algumas décadas depois. No momento da eclosão da primeira guerra contra o Iraque, enquanto o Partido Comunista Italiano (PCI) começava a se desfazer, um ilustre filósofo seu, Giacomo Marramao, declarou ao jornal *L'Unità* em 25 de janeiro de 1991: "Na história, nunca aconteceu uma guerra travada por um Estado democrático contra outro Estado democrático".

O tom de tal declaração não admite réplicas ou dúvidas. No entanto, eu me permito citar Henry Kissinger, em relação ao qual muitas coisas podem ser criticadas, mas não a falta de "cultura política ou histórica": "Quando eclodiu a Primeira Guerra Mundial, a maior parte dos países da Europa (inclusive a Grã-Bretanha, a França e a Alemanha) era governada por instituições essencialmente democráticas. No entanto, a Primeira Guerra Mundial – uma catástrofe da qual a Europa nunca se recuperou totalmente – foi entusiasticamente aprovada por todos os parlamentos (democraticamente eleitos)"[5].

Na realidade, a guerra não poupou nem mesmo aquelas que gostam de elogiar a si próprias como as mais antigas democracias do mundo. Grã-Bretanha e Estados Unidos permaneceram em guerra de 1812 até 1815. E, nessa ocasião, até mesmo um dos pais fundadores da República estadunidense, isto é, Thomas Jefferson, bradou contra a Grã-Bretanha uma "guerra eterna" e total, uma guerra que só poderia chegar ao fim com o "extermínio (*extermination*) de uma das partes". Não se trata apenas de um fato já antigo. Mesmo entre as

---

[4] Palmiro Togliatti, *Opere*, v. 5 (Roma, Editori Riuniti, 1973-1984), p. 496-7.
[5] Henry Kissinger, *On China* (Nova York, The Penguin Press, 2011), p. 425-6.

duas guerras mundiais, por algum tempo os Estados Unidos continuaram a considerar a Grã-Bretanha o inimigo mais provável. O plano de guerra por eles preparado em 1930 e assinado pelo general Douglas MacArthur considerava até mesmo o uso de armas químicas[6].

As guerras coloniais

Retomemos a declaração de Marramao, de 1991: nesta, ele considera inexistentes (erronaemente) as guerras entre as democracias e ainda ignora conscientemente as guerras coloniais, das quais são protagonistas as assim chamadas democracias. São guerras as guerras coloniais? Para absolver as democracias pelas guerras coloniais, devemos responsabilizar os povos coloniais, acusando-os de serem atrasados e bárbaros?

A partir de 1935, Togliatti foi chamado a enfrentar o ataque da Itália fascista à Etiópia (ou Abissínia). Mussolini declarou pretender contribuir para a difusão da civilização europeia: era necessário eliminar uma "escravidão milenar" e um "pseudoestado bárbaro e negreiro", isto é, escravista, liderado por "Negus dos negreiros", pelo líder dos escravistas[7]. A propaganda do regime não se cansava de insistir: não podiam ser tolerados os "horrores da escravidão"; em Milão, o cardeal Schuster abençoava e consagrava a iniciativa que, "ao preço de sangue, abria as portas da Etiópia à fé católica e à civilização romana" e que, abolindo "a escravidão, ilumina as trevas da barbárie"[8]. Embora fosse conduzida por meio do uso abundante de gás mostarda e de gás venenoso e do massacre em larga escala da população civil, a guerra foi enaltecida como uma operação civilizadora e humanitária e não desprovida de elementos democráticos, dado que aboliu a escravidão. Somos levados a pensar nas supostas operações humanitárias dos dias atuais.

Como Togliatti reagiu a tal campanha? Em agosto de 1935, em seu relatório "A luta contra a guerra" ao VII Congresso da Internacional Comunista, ele observou:

---

[6] Para uma documentação mais abrangente em relação aos problemas tratados neste parágrafo (e em geral neste ensaio), remeto ao livro lançado recentemente: Domenico Losurdo, *Um mundo sem guerras: a ideia de paz – das promessas do passado às tragédias do presente* (trad. Ivan Esperança Rocha, São Paulo, Editora Unesp, 2018 [2016]). Ver principalmente o cap. 10 (Democracia universal e "paz definitiva").

[7] Benito Mussolini, *Scritti politici* (Milão, Feltrinelli, 1979), p. 292-6.

[8] Luigi Salvatorelli e Giovanni Mira, *Storia d'Italia nel periodo fascista*, v. 2 (Milão, Oscar Mondadori, 1972), p. 254 e 294.

Durante décadas inteiras, os indígenas da África foram submetidos a um regime não apenas de exploração e de escravidão mas de verdadeiro extermínio físico. Com os anos de crise, foram acrescentados os horrores do regime colonial instaurado pelos europeus no imenso continente negro. De outra parte, os fascistas, na guerra conduzida na Líbia de 1924 a 1929, mostraram de maneira inequívoca quais são os métodos fascistas de colonização. Ainda neste assunto, o fascismo demonstrou ser a forma mais bárbara de domínio da burguesia. A guerra da Itália na Líbia foi conduzida, do início ao fim, como uma guerra de extermínio das populações indígenas.[9]

Sempre tendenciosamente genocidas, mesmo quando desencadeadas por países com sistema liberal e democrático, as guerras coloniais se tornam, com o fascismo, total e conscientemente genocidas.

Por outro lado, Togliatti reconheceu que "a Abissínia é um país econômica e politicamente atrasado". É verdade, "ainda não se encontra lá nenhum traço de movimento nacional revolucionário e nem mesmo de um simples movimento democrático"; estava ainda amplamente presente o "regime feudal". Era preciso então apoiar ou, pelo menos, não se contrapor à pretensa intervenção civilizatória e humanitária? Nada disso. Togliatti, ao contrário, declarou-se "pronto a apoiar a luta de libertação do povo abissínio contra os bandidos fascistas"[10]; e isso em consideração não apenas às infâmias próprias do expansionismo e do domínio colonial mas também ao fato de que, seja como for, a luta anticolonialista, mesmo que conduzida por países e povos ainda muito aquém da modernidade, é parte do processo revolucionário mundial que põe em dificuldades o imperialismo (e o capitalismo).

Infelizmente, também essa lição de Togliatti se perdeu. Em 2011, a Otan interveio fortemente contra a Líbia de Gaddafi. Emprestando as palavras de um filósofo respeitável e nada comunista: "Hoje sabemos que a guerra fez pelo menos 30 mil mortos, contra as trezentas vítimas da repressão inicial" reprovada pelo regime que o Ocidente estava decidido a derrubar[11]. Susanna Camusso, secretária-geral da Confederação Geral Italiana do Trabalho (CGIL), e Rossana Rossanda, figura histórica do "jornal comunista" italiano *Il Manifesto*, pediram

---

[9] Palmiro Togliatti, *Opere*, v. 3.2 (Roma, Editori Riuniti, 1973-1984), p. 760.
[10] Ibidem, p. 761-2.
[11] Tzvetan Todorov, "La guerra impossibile", *La Repubblica*, 26 jun. 2012, p. 1 e 29.

ou endossaram a intervenção nessa guerra, também definida como neocolonial por inúmeros estudiosos, jornalistas e órgãos de imprensa[12].

Uma visão "barroca" da luta anti-imperialista

Como se sabe, Togliatti foi um dos grandes protagonistas do giro que, em 1935, levou a Internacional Comunista a reconhecer o nazifascismo como o principal inimigo e a promover contra ele a política de frente única e de frente popular. Não foi fácil para os comunistas assumir essa posição. A propaganda trotskista não se cansava de denunciá-la como traição ao anticolonialismo pelo fato de que [essa posição] estabelecia os dois maiores impérios coloniais da época (o britânico e o francês) como inimigos secundários e até como potenciais aliados da União Soviética.

Também havia resistências à nova linha política proveniente de outras orientações. Por exemplo, Carlo Rosselli. Nos últimos anos de sua vida, antes de ser assassinado por agentes de Mussolini, em junho de 1937, o líder do liberal-socialismo não estava muito distante dos comunistas, olhava com simpatia para a "gigantesca experiência russa" de "revolução socialista" e de "organização socialista da produção"[13]. Que seja dito entre parênteses, mas com absoluta clareza: o liberal-socialismo de Carlo Rosselli era bem diferente do liberal-socialismo que em seguida caracterizou Norberto Bobbio!

No entanto, pelo menos no início, Rosselli manifestou reservas em relação ao giro da Internacional Comunista, e as manifestava em nome da ortodoxia revolucionária: "A tese marxista tradicional foi deixada de lado e resvalou cada vez mais para o lado da tese da 'guerra democrática'. O atual conflito seria o resultado não mais de um conflito imperial, mas de um conflito entre Estados pacifistas (o Estado proletário) e o fascismo, sobretudo o fascismo alemão". Os partidos comunistas, pelo menos "nos países aliados da Rússia, serão colocados na *union sacrée* (união sagrada)"[14]. Ou seja, agitando a bandeira da união antifascista, os comunistas adotavam como suas as palavras de ordem patrioteiras por eles condenadas durante a Primeira Guerra Mundial.

---

[12] Domenico Losurdo, *La sinistra assente: crisi, società dello spettacolo, guerra* (Roma, Carocci, 2014). Ver o cap. 1 do livro citado.

[13] Carlo Rosselli, *Scritti politici* (Nápole, Guida, 1988), p. 381.

[14] Idem, *Scritti dell'esilio* (Turim, Einaudi, 1989-1992), p. 328-9.

Essa argumentação perdia de vista, ou não compreendia, as drásticas notícias que irromperam no quadro internacional. O mesmo expoente liberal-socialista escreveu, em 9 de novembro de 1934, que "a queda do regime soviético constituiria uma tremenda fatalidade que devemos ajudar a evitar"[15]. Em relação a 1914, surgiu uma nova contradição: entre capitalismo e socialismo. E esse era apenas um aspecto. Vinte anos antes, depois de ter definido a Primeira Guerra Mundial como uma "guerra entre os donos de escravos para a consolidação e fortalecimento da escravidão" colonial, Lênin acrescentou: "A originalidade da situação reside no fato de que, nesta guerra, os destinos das colônias são decididos pela luta armada no continente"[16]: tiveram a iniciativa apenas os "donos de escravos", as grandes potências colonialistas e imperialistas. Isso já não era verdade às vésperas e durante a Segunda Guerra Mundial: fomentada pela Revolução de Outubro, já havia sido iniciada a revolução anticolonialista mundial; os escravos coloniais tinham deixado para trás a passividade e a resignação. Isto é, ao lado da contradição interimperialista, característica da Primeira Guerra Mundial, havia tanto a contradição entre capitalismo e socialismo quanto a contradição entre as grandes potências colonialistas, por um lado, e os escravos coloniais em revolta, por outro. E esta última contradição se tornou muito mais aguda devido à pretensão das potências imperialistas (Alemanha hitlerista, imperialismo japonês e Itália fascista) de ofensiva para retomar e radicalizar a tradição colonial, submetendo e escravizando até mesmo povos de antiga civilização (como Rússia e China). Até mesmo um país como a França se lançou à dominação colonial. Lênin de algum modo previu isso. Em 1916, enquanto o exército de Guilherme II estava às portas de Paris, o grande revolucionário russo, por um lado, confirmou o caráter imperialista do conflito mundial então em curso e, por outro, chamou a atenção para uma possível reversão: se o gigantesco confronto tivesse terminado "com vitórias de tipo napoleônicas e com a sujeição de uma série de Estados nacionais capazes de vida autônoma [...], então seria possível na Europa uma grande guerra nacional"[17]. Foi o cenário que se verificou em boa parte do mundo entre 1939 e 1945: as vitórias de tipo napoleônico obtidas por Hitler na Europa e pelo Japão na Ásia, em ambos os casos, acabaram provocando

---

[15] Idem, *Scritti politici*, cit., p. 304.
[16] Vladímir Ilitch Lênin, *Opere Complete*, v. 21 (Roma, Editori Riuniti, 1955-1970), p. 275 e 277.
[17] Ibidem, v. 22, p. 308.

guerras de libertação nacional. Ignorando a multiplicidade de contradições e o seu emaranhamento, em outubro de 1934, Rosselli definiu a "fase histórica que atravessamos" como "a fase do fascismo, das guerras imperialistas e da decadência capitalista"[18]. Talvez na referência à "decadência capitalista" esteja implícita uma alusão ao surgimento da Rússia soviética, mas, em todo caso, o quadro aqui traçado ignora totalmente a revolução anticolonial e as guerras de resistência e de libertação nacional.

Talvez não somente a dificuldade de compreender as notícias que irromperam na situação internacional explique as resistências ao giro de 1935. Justamente porque, caracterizado pela ambição de fornecer uma leitura unificada da totalidade social e histórica, o marxismo algumas vezes é lido (e distorcido) como uma chave de leitura que simplifica e nivela a complexidade dos processos históricos e sociais. Gramsci[19] chamou a atenção para o "desvio infantil da filosofia da práxis", que, ignorando o papel das ideias e das ideologias, alimenta a "convicção barroca segundo a qual quanto mais se recorre a objetos 'materiais' tanto mais se é ortodoxo" e fiel seguidor do materialismo histórico. É uma passagem célebre mesmo no plano estilístico, além do filosófico: os autodeclarados campeões da ortodoxia são ridicularizados como seguidores de uma "convicção barroca"! Esta, infelizmente, pode-se manifestar mesmo em um nível diferente: na análise das relações internacionais, não faltam aqueles que se consideram defensores muito mais consequentes do anti-imperialismo quanto maior for a lista por eles declamada dos países imperialistas, e todos colocados num mesmo plano!

Obviamente, essa visão barroca era totalmente alheia a Lênin. Ele, em 1916, ao distinguir o colonialismo clássico do neocolonialismo, faz notar que este último se funda sobre a "anexação econômica" e não sobre a "anexação política"; e, como exemplo, aponta a Argentina e também Portugal, que "é de fato um 'vassalo' da Inglaterra"[20]. O grande revolucionário não desconhecia certamente o fato de que Portugal também detinha um império colonial (contra o qual, obviamente, a luta devia continuar); no entanto, o principal aspecto (para nunca perder de vista) era a sujeição neocolonial de Portugal, que de algum modo começou a fazer parte – em todo caso, no plano econômico – do Império britânico. Por outro lado, vimos Lênin em 1916 especular sobre a

---

[18] Carlo Rosselli, *Scritti politici*, cit., p. 301.
[19] Antonio Gramsci, *Quaderni del Carcere* (Turim, Einaudi, 1975), p. 1.442.
[20] Vladímir Ilitch Lênin, *Opere Complete*, v. 23, cit. p. 41-2.

sujeição neocolonial imposta pela Alemanha de Guilherme II a um país como a França, que também, por sua vez, mantinha um enorme império colonial.

Era essa a lição de Lênin que Toglilatti tinha como referencial quando criticava aquela que poderia ser definida como a visão barroca do anti-imperialismo: "Uma das qualidades fundamentais dos bolcheviques [...], um dos pontos essenciais da nossa estratégia revolucionária é a capacidade de compreender a todo momento qual é o principal inimigo e de saber concentrar todas as forças contra esse inimigo"[21].

Rapidamente acrescento que não se trata de uma afirmação isolada, embora de extraordinária eficácia. É preciso ter em mente que, no momento em que Togliatti anunciou o giro de Salerno, Pietro Badoglio ainda era chefe de governo na Itália, e este não por acaso tinha o título, dentre outros, de duque de Addis Abeba – participou dos delírios e dos crimes imperiais do fascismo. No entanto, esse infame capítulo da história passou para segundo plano em comparação com a urgência da luta pela libertação nacional contra o regime de ocupação na Itália imposto pelo Terceiro Reich com a cumplicidade de Mussolini.

TOGLIATTI, STÁLIN E A GUERRA FRIA

Agora somos capazes de compreender a atitude adotada por Togliatti depois da eclosão da Guerra Fria. Talvez o ano mais embaraçoso para ele tenha sido 1952. Foi o ano em que foram emitidas duas declarações de Stálin, dificilmente compatíveis entre si. Ao intervir brevemente no XIX Congresso do Partido Comunista da União Soviética (PCUS) e denunciar a subserviência dos aliados (ou vassalos) europeus e ocidentais de Washington, o dirigente soviético chamou os partidos comunistas a levantarem as bandeiras da independência nacional e das liberdades democráticas, "jogadas ao mar" pela burguesia de seus países. Stálin se expressou em termos sensivelmente diferentes ainda um ano antes de sua morte, ao escrever *Problemas econômicos do socialismo na URSS*: ao invés de se resignarem à incontestável hegemonia exercida pelos Estados Unidos, as outras potências capitalistas a desafiaram; mais agudas do que a própria contradição entre capitalismo e socialismo, as contradições interimperialistas cedo ou tarde provocariam uma nova guerra mundial, como ocorreu em 1914 e em 1939. E tudo isso para confirmar a inevitabilidade da guerra no capitalismo.

---

[21] Palmiro Togliatti, *Opere*, v. 3.2, cit., p. 747.

Como se sabe, as coisas ocorreram de modo exatamente oposto às previsões formuladas em *Problemas econômicos do socialismo na URSS*: desestabilizou-se o campo socialista e não o imperialista; o risco mais forte de guerra mundial se verificou em consequência não da disputa por hegemonia entre as grandes potências capitalistas, mas da pretensão dos Estados Unidos de conter e fazer retroceder o desenvolvimento do socialismo e da revolução anticolonial (pensando na crise de 1962, que não por acaso tem Cuba como epicentro). O controle exercido por Washington sobre os seus aliados e vassalos não se esgotou; pelo contrário, fortaleceu-se subsequentemente, como demonstram o fim nada glorioso da aventura anglo-francesa de 1956 em Suez (com a extensão do domínio estadunidense para o Oriente Médio também) e a indefinição do desafio gaullista na França. É evidente o erro lógico contido em *Problemas econômicos do socialismo na URSS*: da premissa da inevitabilidade da guerra no capitalismo não deriva, de modo algum, a conclusão de que o conflito entre as potências imperialistas esteja sempre na ordem do dia, quase como se tal conflito nunca contenha em si, ou contenha apenas por um breve período, a distinção entre vencedores e vencidos. Por exemplo, depois da derrota do que Lênin define como o "imperialismo napoleônico"[22], durante quase um século o imperialismo britânico permaneceu praticamente sem rivais. E, por razões ainda mais profundas, sem sérios rivais no campo imperialista ficaram os Estados Unidos depois do fim da Segunda Guerra Mundial, com a derrota da Alemanha, do Japão e da Itália, mas também com a degradação e o enfraquecimento, de modo profundo, da Grã-Bretanha e da França. Resta o fato de que, em 1952, Stálin traçou dois cenários contrapostos: o primeiro, com os olhos voltados para a Europa de então, acusava a burguesia de capitulação à política de guerra e de dominação perseguida por Washington; e, com os olhos voltados principalmente para o futuro, o segundo cenário denunciava a natureza particularmente belicista das diversas burguesias, todas colocadas no mesmo plano.

Em seu relatório de 10 de novembro de 1952 ao Comitê Central do PCI, Togliatti pedia para que não fossem tiradas "conclusões errôneas" da tese da inevitabilidade de guerra (reforçada por Stálin em *Problemas econômicos do socialismo na URSS*) e que não se perdesse de vista a tarefa imediata e concreta da luta para salvar a paz, naquele momento ameaçada pela política agressiva posta em ação pelos Estados Unidos contra o campo socialista e contra a revolução

---

[22] Vladímir Ilitch Lênin, *Opere Complete*, v. 22, cit., p. 308.

anticolonial[23]. Foi por isso que o dirigente do comunismo italiano fez referência, em primeiro lugar e quase exclusivamente, a outro discurso de Stálin, no qual este convida os comunistas a defenderem a independência nacional e a própria democracia política, postas em risco pela onda macarthista que ameaçava ultrapassar o Atlântico e também investir sobre a Itália e a Europa ocidental.

Para dizer a verdade, Togliatti já tinha começado a elaborar essa linha política antes do pronunciamento de Stálin no XIX Congresso do PCUS. Em seu relatório ao VII Congresso do PCI, que ocorreu de 3 a 8 de abril de 1951, ele tinha denunciado o imperialismo estadunidense por "conturbar todo o processo de desenvolvimento e transformação da democracia italiana" e tinha reivindicado uma política de "independência da Itália, de independência da nossa pátria de qualquer um que queira submeter a nossa economia e a nossa vida política a seus interesses e aos de um imperialismo estrangeiro"[24]. Inúmeros indícios levam a considerar que Togliatti tenha influenciado Stálin, que, da tribuna do XIX Congresso, pedia aos comunistas ocidentais que levantassem as bandeiras da democracia e da independência nacional lançadas por terra pela burguesia. Por certo, sucessivamente no relatório ao Comitê Central do PCI, de 10 de novembro de 1952, Togliatti insistiu com ainda mais força, com o dedo em riste contra os "reacionários das nossas regiões": "O camarada Stálin arrancou a máscara deles, esclareceu como eles tinham lançado ao mar tudo o que ali podia ter acontecido pela ação dos grupos burgueses liberais e democratas, lançado ao mar as bandeiras da liberdade e da independência dos povos e, portanto, nos colocado a tarefa de acolher essas bandeiras e levá-las adiante, de sermos os patriotas do nosso país e nos tornarmos a força dirigente da nação"[25].

À luz das considerações já desenvolvidas, pode-se dizer no entanto que, ao citar Stálin, Togliatti também citava, e talvez em primeiro lugar, a si mesmo. A linha que surgiu era clara, mas não nova: era preciso primeiro lutar contra aqueles que tencionavam "dilapidar a liberdade e vender a independência do país", que estavam prontos a permitir a transformação da Itália "em uma colônia subserviente a um imperialismo estrangeiro"; era preciso golpear e neutralizar os "grupos dirigentes dos países dominados pelos Estados Unidos da América"[26]. O objetivo perseguido por esse país foi assim definido:

---

[23] Palmiro Togliatti, *Opere*, v. 5, cit., p. 707.
[24] Ibidem, p. 591 e 601.
[25] Ibidem, p. 705.
[26] Ibidem, p. 705-6.

A conquista do domínio sobre o mundo todo [...]; a dominação econômica, política e militar de uma série de países que até recentemente eram independentes e também de capitalismo avançado, como a França e a Itália; a preparação de um ataque contra a União Soviética, contra a China, contra os países de democracia popular. Concretamente, para preparar as forças necessárias a esse ataque e concretizar os seus objetivos, o imperialismo estadunidense estabeleceu bases militares no mundo inteiro, envia as próprias tropas e as instala em países que até recentemente eram independentes e que nunca teriam permitido a ocupação por tropas estrangeiras.[27]

Seria um grave erro ler este texto como um discurso banal de propaganda. Ao contrário, estamos diante de uma reflexão teórica e política: o que define o imperialismo não é apenas a hostilidade contra o campo socialista e a revolução anticolonial, justamente porque o que o caracteriza é também a disputa pela hegemonia. O imperialismo pode requerer a dominação, colonial ou semicolonial, de "países independentes e também de capitalismo avançado, como a França e a Itália" – e a França, em 1952, tinha à sua disposição um amplo império colonial. A contradição entre países "de capitalismo avançado" não é necessária e exclusivamente uma contradição interimperialista, pode até ser a contradição entre um imperialismo particularmente poderoso e agressivo e uma possível colônia ou semicolônia. Seria embelezar de forma inadmissível o imperialismo pensar que ele evitaria *a priori* uma transformação de um país "de capitalismo avançado" em colônia ou semicolônia. Togliatti conhecia bem a polêmica de Lênin com Kautsky: "é característica do imperialismo [...] o seu frenesi não apenas por conquistar territórios agrícolas [como pretendia Kautsky] mas também de pôr as mãos sobre países fortemente industrializados", mesmo porque isso pode enfraquecer o "adversário"[28].

Com base em um preciso balanço histórico e teórico, com o objetivo de evitar o risco de que a Itália fosse arrastada pelo imperialismo estadunidense a uma guerra contra a União Soviética ou contra a China popular, Togliatti apelou para a mobilização mais ampla possível: "O movimento do qual a Itália tem necessidade deve ser um movimento das grandes massas do povo que pertençam a qualquer partido, a qualquer grupo social, para a salvação da paz. Até os cidadãos hoje mais distantes de nós podem e devem ser atraídos ao trabalho por essa causa". E, portanto: "Cabe a nós, partido da classe operária,

---

[27] Ibidem, p. 708.
[28] Vladímir Ilitch Lênin, *Opere Complete*, v. 22, cit., p. 268.

neste momento, tal qual nos momentos mais difíceis do passado, reconhecer e defender os interesses de toda a nação"[29]. Era a renúncia à luta de classe? Pronta era a resposta a essa possível contestação: "Não, não existe contraste entre uma política nacional e uma política de classe do Partido Comunista"[30]. Togliatti conhecia muito bem *O que fazer?* para se deixar levar por uma leitura trade-unionista da luta de classe. Principalmente na União Soviética ele pôde acompanhar diretamente a épica resistência de Moscou, Leningrado e Stalingrado contra a tentativa do Terceiro Reich de renovar e radicalizar a tradição colonial na Europa oriental, submetendo todo o povo soviético à condição de escravos a serviço da pretensa raça dos senhores. Togliatti compreendeu muito bem que a grande guerra patriótica foi uma das maiores lutas de classes não apenas do século XX mas também da história mundial.

Vale a pena notar que, em novembro de 1938, no momento em que o imperialismo japonês procurava submeter o povo chinês em seu conjunto a um bárbaro domínio colonial e escravizá-lo, Mao Tse-tung teorizava, nessas circunstâncias, sobre a "identidade entre a luta nacional e a luta de classes". Da mesma forma que a grande guerra patriótica, também a guerra de resistência contra o imperialismo japonês deve ser incluída entre as maiores lutas de classes da história mundial, não apenas do século XX[31]. É quase certo que Togliatti desconhecia o texto acima citado do líder comunista chinês; muito mais significativo é o fato de que ele tenha chegado às mesmas conclusões a partir da análise concreta da situação concreta.

O imperialismo dos Estados Unidos e os crescentes riscos de guerra

Que fique claro: não se trata de se entregar a um jogo de analogias. Mesmo para compreender o quadro político dos dias atuais, devemos fazer uma análise concreta da situação concreta. É uma tarefa que em grande parte ainda precisa ser cumprida. No entanto, já podemos definir alguns pontos essenciais.

Obviamente não devemos nos cansar de denunciar o papel infame de países como a Alemanha e a Itália na fragmentação e na guerra contra a Iugoslávia, ou

---

[29] Palmiro Togliatti, *Opere*, v. 5, cit., p. 602 e 578.
[30] Ibidem, p. 590.
[31] Domenico Losurdo, *La lotta di classe: una storia politica e filosofica* (Roma-Bari, Laterza, 2013). Ver o cap. 6 do livro citado.

o papel infame da Itália na guerra contra a Líbia e o da Alemanha no golpe de Estado na Ucrânia; para não falar do papel infame da França, primeiro de Sarkozy e depois de Hollande, na guerra contra a Líbia e contra a Síria. Mas todas essas infâmias neocoloniais e ainda outras foram tornadas possíveis pelo papel hegemônico dos Estados Unidos, superpotência militar que, muitas vezes, as promoveu de modo mais ou menos direto. No entanto, ao olhar para o risco de guerra em larga escala que se esboça no horizonte, não se podem deixar de levar em consideração as profundas mudanças ocorridas em comparação com o passado.

Às vésperas da Primeira e da Segunda Guerra Mundial, havia duas coalizões militares contrapostas; nos dias atuais, há basicamente uma única gigantesca coalizão militar (a Otan) que se expande cada vez mais e continua sob ferrenho controle estadunidense. Às vésperas da Primeira e da Segunda Guerra Mundial, os principais países capitalistas se acusavam mutuamente de ter desencadeado a corrida armamentista; nos dias atuais, ao contrário, os Estados Unidos criticam os seus aliados por não aplicarem mais recursos no orçamento militar, por não acelerarem suficientemente a política de rearmamento. Claramente, a guerra sobre a qual se pensa em Washington não é a guerra contra a Alemanha, a França ou a Itália, mas a guerra contra a China (país proveniente da maior revolução anticolonial e conduzido por um experiente partido comunista) e/ou contra a Rússia (que, com Putin, cometeu o erro, do ponto de vista da Casa Branca, de ter-se livrado do controle neocolonial, ao qual Iéltsin se havia submetido ou adaptado). E essa guerra em larga escala, que poderia inclusive cruzar o limite nuclear, os Estados Unidos esperam, se necessário, poder conduzi-la com a participação subalterna, ao seu lado e às suas ordens, da Alemanha, da França, da Itália e de outros países da Otan.

É, portanto, contra o risco de uma guerra desencadeada pela superpotência – que continua considerando-se a única "nação escolhida por Deus", que há algum tempo aspira a garantir a si própria "a possibilidade de um primeiro ataque [nuclear] impune"[32], que instalou até mesmo em nosso país bases militares e armas nucleares direta ou indiretamente controladas por Washington –, contra esse risco concreto de guerra que somos chamados a lutar. E poderemos enfrentar esse crescente risco com muito mais eficácia quanto mais soubermos levar em consideração, adaptando-a obviamente à situação atual, a grande lição de Palmiro Togliatti.

---

[32] Sergio Romano, *Il declino dell'impero americano* (Milão, Longanesi, 2014), p. 29.

POR QUE É URGENTE LUTAR CONTRA A OTAN E REDESCOBRIR O SENTIDO DA AÇÃO POLÍTICA*

A todos aqueles que, na esquerda, expressam reservas e hesitações sobre o apelo e sobre a campanha "Não à guerra, não à Otan. Por um país soberano e neutro", gostaria de sugerir que dedicassem particular atenção àquilo que a imprensa e outros meios de comunicação estadunidenses escrevem. No centro do discurso, sempre está a guerra – e esta, longe de aparecer numa perspectiva totalmente hipotética e remota, é desde já discutida e analisada em suas implicações políticas e militares. No "The National Interest" de 7 de maio deste ano, pode-se ler um artigo particularmente interessante. O autor, Tom Nichols, não é nenhum joão-ninguém, mas sim *Professor of National Security Affairs at the Naval War College* [professor de Assuntos de Segurança Nacional na Faculdade de Guerra Naval]. O título por si só é eloquente e alarmante: "Como os Estados Unidos e a Rússia poderiam provocar uma guerra nuclear" (*How America and Russia Could Start a Nuclear War*). Trata-se de um conceito muitas vezes repetido no artigo, bem como nas aulas, do ilustre docente: a guerra nuclear "não é impossível"; em vez de recalcá-la, os Estados Unidos deveriam preparar-se para ela nos planos militar e político.

Mas como? O cenário imaginado pelo autor estadunidense é este: a Rússia – que, já com Iéltsin, em 1999, quando da campanha de bombardeios da Organização do Tratado do Atlântico Norte (Otan) contra a Iugoslávia, proferiu terríveis ameaças e que, com Putin, se resigna ainda menos à derrota sofrida na Guerra Fria – acaba por provocar uma guerra que deixa de ser convencional e se torna nuclear e que, mesmo nesse nível, conhece uma escalada.

---

* Traduzido do italiano por Diego Silveira. Original italiano datado de 21 de maio de 2015.

E eis os resultados: são incontáveis as vítimas nos Estados Unidos; a sorte dos sobreviventes é quiçá ainda pior, pois, para amenizar o sofrimento, devem ser submetidos à morte por eutanásia; o caos é total e, para que a ordem pública seja respeitada, impõe-se a "Lei Marcial". Agora vejamos o que acontece no território do inimigo derrotado, atacado não apenas pelos Estados Unidos mas também pela Europa e, em particular, pela França e pela Grã-Bretanha, elas próprias potências nucleares:

> Na Rússia, a situação será ainda pior [do que nos Estados Unidos]. A total desintegração do Império russo, iniciada em 1905 e interrompida apenas pela aberração soviética, finalmente será concluída. Eclodirá uma segunda guerra civil russa e a Eurásia, por décadas ou por mais tempo, será apenas uma mistura de Estados étnicos devastados e governados por homens fortes. Qualquer resquício de Estado russo poderia ressurgir das cinzas, mas provavelmente seria sufocado de uma vez por todas por uma Europa que não tem qualquer intenção de perdoar tamanha devastação.

No título do artigo aqui citado, faz-se referência apenas à possível guerra nuclear entre Estados Unidos e Rússia, mas claramente o autor não se contenta com essas medidas. Seu discurso prossegue com a evocação, na Ásia, de uma réplica do cenário recém-visto. Nesse caso, não é Moscou, mas Pequim a provocar a guerra, primeiro convencional, depois nuclear, com consequências ainda mais aterrorizantes. Contudo, o resultado é o mesmo: "Os Estados Unidos da América de qualquer forma sobrevivem. A República Popular da China, tal qual a Federação Russa, deixará de existir enquanto entidade política".

É uma conclusão reveladora que involuntariamente ilumina o projeto, ou melhor, o sonho cobiçado pelos defensores da "nova guerra fria e quente". Não se trata de rechaçar a "agressão" atribuída à Rússia ou à China, e não se trata sequer de desarmar esses países e de colocá-los em situação de neutralidade. Não, trata-se de aniquilá-los enquanto Estados, enquanto "entidades políticas". Ao menos no que se refere à Rússia, o autor deixa escapar que sua "desintegração" é o resultado de um processo benéfico iniciado em 1905, desgraçadamente interrompido pelo poder soviético, mas que poderia "finalmente" (*finally*) ser concluído. O que retarda a total "desintegração" imposta à Rússia é somente a "aberração" do país surgido da Revolução de Outubro. É como se o autor estadunidense aqui citado expressasse desapontamento e desilusão pela derrota sofrida pela Alemanha nazista em Stalingrado.

Uma coisa é certa: destruir a Rússia enquanto "entidade política" era um projeto caro ao Terceiro Reich. E, portanto, não é por acaso que a Otan, pelo menos na Ucrânia, colabora abertamente com movimentos e círculos neonazistas. Destruir a China enquanto "entidade política" era, por sua vez, o projeto caro ao imperialismo japonês, que emulava na Ásia o imperialismo hitlerista. E, portanto, não por acaso, os Estados Unidos reforçam seus laços com o Japão, que renega sua Constituição pacifista e está empenhado em um despropositado revisionismo histórico, que praticamente (ou quase) faz sumir um dos capítulos mais horríveis da história do colonialismo e do imperialismo (os crimes com que se maculou o Império do Sol Nascente na tentativa de submeter e escravizar o povo chinês e outros povos asiáticos).

O artigo que citei longamente é sintomático. Já com base na doutrina proclamada por Bush Jr., os Estados Unidos se atribuíam o direito de romper imediatamente o emergir de possíveis competidores da superpotência até então única e solitária. Essa doutrina claramente continua a inspirar, na república estadunidense, círculos militares e políticos prontos a correr inclusive o risco de uma guerra nuclear.

É a essa ameaça que pretendem responder – finalmente! – o apelo e a campanha "Não à guerra, não à Otan. Por um país soberano e neutro". É encorajador que nessa iniciativa estejam envolvidas personalidades ilustres de diferentes orientações políticas e ideológicas. Na defesa da paz internacional e da salvação do país, é possível alinhar diversas correntes.

Porém, como eu sinalizava no início, deparamo-nos às vezes com reservas e hesitações que se manifestam em ambientes inesperados e insuspeitos, inclusive no movimento comunista. É difícil compreender o sentido de tais reservas e hesitações. Para começarmos a nos organizar contra a guerra, devemos deixar que se torne uma realidade a perspectiva de destruição e de morte em larguíssima escala que surge na imprensa internacional e, em primeiro lugar, estadunidense? Seria uma postura irresponsável e suicida. É fato que as forças que compreenderam a real natureza da Otan e que estão prontas a lutar contra ela são hoje bastante reduzidas. Dessa constatação, porém, não deriva a legitimidade do adiamento de nossa luta pela paz, mas, ao contrário, sua absoluta urgência. Temos uma grande história em nossos ombros. À sua época, Lênin lançou a palavra de ordem da transformação da guerra em revolução, ao mesmo tempo que, em diversos países europeus, deslumbrados pela ideologia dominante, os jovens corriam festivos e entusiasmados rumo ao alistamento militar voluntário como se fossem a um encontro amoroso.

Obviamente, a situação contemporânea é muito distinta, mas não há nenhum motivo para abdicar da tarefa de difundir a consciência dos perigos da guerra e de denunciar a política de guerra da Otan. Desde já é possível e necessário contestar e rejeitar cada uma das manipulações da indústria da mentira que é, ao mesmo tempo, indústria da propaganda bélica; desde já é possível e necessário contrastar cada medida política e militar que ameaça aproximar-nos da catástrofe. E tudo isso sem nunca perder de vista o objetivo estratégico da expulsão da Otan de nosso país.

As reservas e hesitações em relação ao apelo e à campanha contra a Otan não têm nenhuma razoabilidade política e moral. Há, contudo, uma explicação, que não é uma justificativa. Ao menos na Europa ocidental, a dura derrota sofrida pelo movimento comunista entre 1989 e 1991 trouxe consigo um terrível empobrecimento não só teórico mas também ético-político. O primeiro é amplamente conhecido, e eu tentei contribuir para esclarecê-lo, em primeiro lugar, nos meus livros sobre a "esquerda ausente" e sobre o "revisionismo histórico". Mas é sobre o empobrecimento ético-político que gostaria de dizer alguma coisa: mesmo os intelectuais que não se somam ao coro difamatório da "forma-partido" frequentemente se revelam incapazes de agir coletivamente. Parecem ter esquecido o significado da ação política e, sobretudo, de uma ação política que pretenda transformar radicalmente a realidade existente e que, portanto, é obrigada a enfrentar um aparato de manipulação mais poderoso do que nunca. Sabemos, por meio de nossos clássicos, que a pequena produção é o terreno onde se enraíza o anarquismo. Os modernos desenvolvimentos da comunicação digital comportam de fato uma forte recuperação da pequena produção intelectual. E eis que, no clima criado logo após a derrota de 1989-1991 e o interligado empobrecimento ético-político, não poucos intelectuais, inclusive de orientação comunista, tendem a se enclausurar em seus *blogs* e páginas na internet, nos quais eles prestam contas apenas a si mesmos sem se depararem com as contradições e os conflitos que são próprios da ação política enquanto ação coletiva.

Temos agora *blogs* e páginas de internet de orientação comunista, não poucas vezes valiosos e às vezes muito valiosos, mas, muito frequentemente e em medida variada, afetados pela velha doença do anarquismo senhorial, que se tornou ainda mais grave e de cura ainda mais difícil em função do empobrecimento ético-político que mencionei, agora capaz de se manifestar sem mais obstáculos graças aos milagres da comunicação digital. Para cada um desses intelectuais, seu próprio *blog* e sua própria página são, ao mesmo tempo, o próprio partido e o próprio jornal. E esses intelectuais assim se posicionam porque – lamentam eles – faltam o partido e o jornal.

Sobretudo no que concerne ao primeiro ponto, os leitores deste *blog* já conhecem minhas posições públicas, as quais não preciso reiterar. Gostaria de acrescentar somente uma observação. Se os diferentes *blogs* e páginas de que falei se empenhassem em conduzir a campanha "Não à guerra, não à Otan. Por um país soberano e neutro" – denunciando dia após dia os planos de expansão e de guerra da Otan e suas manobras para desestabilizar por todos os meios (inclusive recorrendo ao Estado Islâmico) os países que se opõem a tudo isso –, então teríamos dado um passo concreto e importante rumo à fundação de um jornal nacional (no sentido leninista e gramsciano do termo). E, se, no decorrer dessa campanha, um número considerável de intelectuais e de militantes redescobrisse o prazer e o sentido da ação política, que é sempre uma ação coletiva, sobretudo quando se perseguem objetivos de transformação radical da realidade política e social, então teríamos dado um passo concreto e importante rumo à solução do problema do partido, ao qual estamos todos convocados a nos dedicar.

A INDÚSTRIA DA MENTIRA COMO PARTE INTEGRANTE DA MÁQUINA DE GUERRA DO IMPERIALISMO*

Na história da indústria da mentira, como parte integrante do aparato industrial-militar do imperialismo, 1989 é um ponto de virada. Nicolae Ceausescu ainda está no poder na Romênia. Como derrubá-lo? Os meios de comunicação ocidentais difundem maciçamente entre a população romena informações e imagens do "genocídio" levado a cabo pela polícia de Ceausescu em Timisoara.

Os cadáveres mutilados

O que acontecera de fato? Fazendo uso da análise de Debord sobre a "sociedade do espetáculo", um ilustre filósofo italiano, Giorgio Agamben, sintetizou magistralmente o caso que aqui tratamos:

> Pela primeira vez na história da humanidade, cadáveres há pouco enterrados ou alinhados sobre as mesas dos necrotérios foram desenterrados às pressas e torturados para simular diante das câmeras de televisão o genocídio que devia legitimar o novo regime. O que o mundo inteiro via ao vivo, como a verdade verdadeira nas telas de televisão, era a absoluta não-verdade; e, embora a falsificação fosse às vezes evidente, ela era, no entanto, autenticada como verdadeira pelo sistema mundial das mídias, para que ficasse claro que a verdade já não era mais senão um momento no movimento necessário do falso. Assim, verdade e falsidade tornavam-se indiscerníveis, e o espetáculo legitimava-se unicamente através do espetáculo.

---

* Traduzido do italiano por Diego Silveira. Original em italiano disponível em: <https://domenicolosurdo.blogspot.com/2013/09/lindustria-della-menzogna-quale-parte.html>; acesso em: 12 ago. 2020.

Timisoara é, nesse sentido, a Auschwitz da idade do espetáculo: e como foi dito que, depois de Auschwitz, é impossível escrever e pensar como antes, também assim, depois de Timisoara, não será mais possível olhar uma tela de televisão do mesmo modo.[1]

O ano de 1989 é aquele em que a passagem da sociedade do espetáculo para o espetáculo enquanto técnica de guerra se manifesta em escala planetária. Algumas semanas antes do golpe de Estado ou da "Revolução *à la Cinecittà*" na Romênia[2], em 17 de novembro de 1989, a "Revolução de Veludo" triunfava em Praga agitando uma palavra de ordem gandhiana: "Amor e verdade". Na realidade, a notícia falsa de que um estudante foi "brutalmente assassinado" pela polícia cumpre papel decisivo. Isso é o que revela com satisfação, vinte anos mais tarde, "um jornalista e líder da dissidência, Jan Urban", protagonista da manipulação. Sua "mentira" teve o mérito de suscitar a indignação das massas e a queda de um regime ja instável[3].

Algo semelhante acontece na China. Em 8 de abril de 1989, Hu Yaobang, secretário-geral do Partido Comunista da China até janeiro de 1987, é acometido por um infarto durante uma reunião do *Politburo* e morre uma semana depois. Para a multidão aglomerada na praça da Paz Celestial, sua morte está ligada ao duro conflito político surgido no decorrer daquela reunião[4]. Para todos os fins, ele se torna a vítima do sistema que se pretende derrubar. Nos três casos, a invenção e a denúncia de um crime são invocadas para suscitar a onda de indignação de que o movimento de revolta necessita. Se, por um lado, o pleno sucesso é alcançado na Tchecoslováquia e na Romênia (onde o regime socialista surgira em função do avanço do Exército Vermelho), por outro, essa estratégia falha na República Popular da China, surgida de uma grande revolução nacional e social. E o próprio fracasso se torna o ponto de partida para uma nova e mais ampla guerra midiática,

---

[1] Giorgio Agamben, *Mezzi senza fine: note sulla politica* (Turim, Bollati Boringhieri, 1996), p. 67 [ed. bras.: Giorgio Agamben, *Meios sem fim: notas sobre política* (trad. Davi Pessoa, Belo Horizonte, Autêntica, 2015)].

[2] François Fejtö (colaboração de Ewa Kulesza-Mietkowski), *La fine delle democrazie popolari: l'Europa orientale dopo la rivoluzione del 1989* (trad. it. Marisa Aboaf, Milão, Mondadori, 1994), p. 263.

[3] Dan Bilefsky, "A Rumor that Set Off the Velvet Revolution", *International Herald Tribune*, 18 nov. 2009, p. 1-4.

[4] Jean-Luc Domenach e Philippe Richer, *La Chine* (Paris, Seuil, 1995), p. 550.

desencadeada pela superpotência que não tolera rivais ou potenciais rivais, que ainda se encontra em pleno desenvolvimento. Mas não resta dúvida de que o ponto de viragem histórica foi, em primeiro lugar, Timisoara, "a Auschwitz da sociedade do espetáculo".

"Dar publicidade aos recém-nascidos" e ao corvo-marinho

Dois anos depois, em 1991, acontecia a primeira Guerra do Golfo. Um corajoso jornalista estadunidense esclareceu de que maneira ocorre "a vitória do Pentágono sobre os meios de comunicação" ou a "colossal derrota dos meios de comunicação pelo governo dos Estados Unidos"[5].

Em 1991, a situação não estava fácil para o Pentágono (e para a Casa Branca). Tratava-se de convencer, acerca da necessidade da guerra, um povo sobre o qual ainda pesava a lembrança do Vietnã. O que fazer? Várias manobras reduzem drasticamente a possibilidade de os jornalistas falarem diretamente com os soldados ou de reportarem diretamente da frente de batalha. Na medida do possível, tudo deve ser filtrado: o cheiro putrefato da morte e, sobretudo, o sangue, os sofrimentos e as lágrimas da população civil não devem invadir as casas dos cidadãos dos Estados Unidos (e dos habitantes do mundo inteiro) como nos tempos da Guerra do Vietnã. Mas o problema central e de solução mais difícil é outro: como demonizar o Iraque de Saddam Hussein, que poucos anos antes se tornara, aos olhos dos Estados Unidos, respeitável por agredir o Irã surgido da revolução islâmica e antiestadunidense de 1979 e que tinha tendência ao proselitismo no Oriente Médio? A demonização seria mais eficaz se a vítima fosse vista como angelical. Operação nada fácil, não somente pelo fato de que era dura e impiedosa a repressão a qualquer oposição no Kuwait, pois havia algo ainda pior. Os trabalhos mais servis eram realizados pelos imigrantes, submetidos a uma "escravidão de fato", que normalmente assumia formas sádicas: não suscitavam qualquer comoção os casos de "sérvios atirados do terraço, queimados, cegados ou espancados até a morte"[6].

Mas conseguiram. Se for generosa e fabulosamente recompensada, uma agência de publicidade tudo pode resolver. Uma delas denunciava o fato de que os soldados iraquianos cortavam as "orelhas" dos kuwaitianos que resistiam.

---

[5] John R. MacArthur, *Second Front: Censorship and Propaganda in the Gulf War* (Nova York, Hill and Wang, 1992), p. 208 e 22.
[6] Ibidem, p. 44-5.

Mas o golpe teatral dessa campanha era outro: os invasores haviam entrado em um hospital, "retirando 312 recém-nascidos de suas incubadoras, deixando-os morrer no chão frio do hospital do Kuwait"[7]. Repetida exaustivamente pelo presidente Bush Jr., confirmada pelo Congresso, endossada pela imprensa mais influente e até mesmo pela Anistia Internacional, essa notícia horripilante, e também tão pormenorizada a fim de indicar com absoluta precisão o número de mortos, não podia senão provocar uma onda avassaladora de indignação: Saddam era o novo Hitler, a guerra contra ele era não apenas necessária mas também urgente e aqueles que a ela se opusessem ou que a questionassem deviam ser considerados cúmplices mais ou menos conscientes do novo Hitler! A notícia, é claro, foi uma invenção habilmente produzida e veiculada. Não à toa, a agência publicitária ganhou seu merecido dinheiro.

A reconstrução dessa história está contida num capítulo do livro aqui citado cujo título é certeiro: "Dar publicidade aos recém-nascidos" (*Selling Babies*). A bem da verdade, não somente os bebês foram "publicizados". Logo no início das operações bélicas, difundia-se em todo o mundo a imagem de um corvo-marinho se afogando no petróleo que jorrava dos poços explodidos pelo Iraque. Verdade ou manipulação? Fora Saddam que provocara a catástrofe ecológica? E há realmente corvos-marinhos naquela região do globo e naquela estação do ano? A onda de indignação, autêntica e habilmente manipulada, eliminava as últimas resistências racionais.

A produção do falso, o terrorismo da indignação e o desencadeamento da guerra

Saltemos adiante alguns anos para alcançar a dissolução, ou melhor, o desmembramento da Iugoslávia. Contra a Sérvia, que foi historicamente o protagonista do processo de unificação desse país multiétnico, irrompem sucessivas ondas de bombardeios midiáticos. Em agosto de 1998, um jornalista estadunidense e um alemão

> reportavam a existência de fossas comuns, com quinhentos cadáveres de albaneses, entre os quais os de 430 crianças, nas cercanias de Orahovac, onde se travaram duros combates. A notícia foi reproduzida por outros jornais ocidentais com

---

[7] Ibidem, p. 54.

grande destaque. Mas tudo era falso, como demonstra uma missão de observação da União Europeia.[8]

Nem por isso a produção do falso entrava em crise. Bem no início de 1999, os meios de comunicação ocidentais começavam a bombardear a opinião pública internacional com fotos de cadáveres empilhados no fundo de um penhasco, alguns dos quais decapitados e mutilados. As legendas e os artigos que acompanhavam as imagens declaravam tratar-se de civis albaneses indefesos massacrados pelos sérvios. Mas talvez não seja bem assim:

> O massacre de Racak é horripilante, com mutilações e cabeças cortadas. É um cenário ideal para despertar a indignação da opinião pública internacional. Mas algo parece estranho naquela carnificina. Os sérvios normalmente matam sem mutilar. [...] Como demonstra a Guerra da Bósnia, as denúncias de atrocidades sobre os corpos, sinais de torturas, decapitações, são uma arma de propaganda imprecisa. [...] Talvez não tenham sido os sérvios, mas os guerrilheiros albaneses, que mutilaram os corpos.[9]

Ou talvez os cadáveres das vítimas de algum dos inúmeros combates entre grupos armados tenham sido submetidos a um tratamento posterior, de modo a fazer crer que se tratava de uma execução a frio e de um desencadeamento de fúria bestial, dos quais era imediatamente acusado o país que a Organização do Tratado do Atlântico Norte (Otan) se preparava para bombardear[10].

O teatro de Racak foi apenas o ápice de uma campanha de desinformação obstinada e impiedosa. Alguns anos antes, o bombardeio do mercado de Sarajevo permitira à Otan se erguer como suprema autoridade moral, impossibilitada de tolerar as "atrocidades" sérvias e deixá-las impunes. Atualmente, pode-se ler até mesmo no *Corriere della Sera* que "foi uma bomba de paternidade muito duvidosa a que produziu o massacre no mercado de Sarajevo, provocando a intervenção da Otan"[11]. Com esse precedente, Racak nos parece hoje uma

---

[8] Roberto Morozzo Della Rocca, "La via verso la guerra", *Limes: rivista italiana di geopolitica*, n. 1, 1999, p. 17.
[9] Ibidem, p. 249.
[10] Fréderic Saillot, *Racak: de l'utilité des massacres*, tomo 2 (Paris, L'Hermattan, 2010), p. 11-8.
[11] Franco Venturini, "Le vittime e il potere atroce delle immagini", *Corriere della Sera*, 22 ago. 2013, p. 1 e 11.

espécie de reedição de Timisoara prolongada no tempo, também com sucesso. O ilustre filósofo que, em 1990, denunciara "a Auschwitz da sociedade do espetáculo" de Timisoara cinco anos mais tarde se alinha às vozes dominantes, bradando de modo maniqueísta contra "o repentino deslize das classes dirigentes ex-comunistas no racismo mais extremo (como na Sérvia, com o programa de 'limpeza étnica')"[12]. Depois de minuciosamente analisar a trágica indistinção entre verdade e mentira no âmbito da sociedade do espetáculo, Agamben acabava, involuntariamente, por confirmá-la, acatando de forma precipitada a versão (ou melhor, a propaganda de guerra) difundida pelo "sistema mundial dos meios de comunicação" que ele anteriormente apontara como principal fonte de manipulação. Depois de ter denunciado a redução do "verdadeiro" a "momento do movimento necessário do falso", operada pela sociedade do espetáculo, ele se limitava a atribuir uma aparência de profundidade filosófica a esse "verdadeiro" reduzido exatamente a "momento do movimento necessário do falso".

Em contrapartida, um elemento da guerra contra a Iugoslávia nos remete, mais que a Timisoara, à primeira Guerra do Golfo: o papel desempenhado pelas relações públicas.

> Milosevic é um homem introvertido, não gosta da publicidade nem de aparecer ou fazer discursos em público. Ao que parece, nos primeiros sinais da desintegração da Iugoslávia, a Ruder Finn, empresa de relações públicas que, em 1991, trabalhava para o Kuwait, apresentou-se a ele oferecendo seus serviços – e foi dispensada. A Ruder Finn, no entanto, foi contratada pela Croácia, pelos muçulmanos da Bósnia e pelos albaneses do Kosovo pelo preço de 17 milhões de dólares anuais, no intuito de proteger e promover a imagem dos três grupos. E fez um ótimo trabalho! James Harf, diretor da Ruder Finn Global Public Affairs, numa entrevista, [...] afirmou: "Conseguimos fazer coincidir sérvios e nazistas na opinião pública. [...] Nós somos profissionais. Tínhamos um trabalho a fazer e fizemos. Não somos pagos para fazer moralismo".[13]

Chegamos agora à segunda Guerra do Golfo. Nos primeiros dias de fevereiro de 2003, o secretário de Estado estadunidense, Colin Powell, mostrava à plateia

---

[12] Giorgio Agamben, *Homo sacer: il potere sovrano e la nuda vita* (Turim, Einaudi, 1995), p. 134-5.
[13] Jean Toschi Marazzani Visconti, "Milosevic visto da vicino", *Limes: rivista italiana di geopolitica*, n.1, 1999, p. 31.

do Conselho de Segurança da Organização das Nações Unidas (ONU) as imagens de laboratórios móveis para a produção de armas químicas e biológicas supostamente pertencentes ao Iraque. Em seguida, o primeiro-ministro inglês, Tony Blair, reforçava que Saddam não só detinha essas armas como já havia elaborado planos para utilizá-las e era capaz de ativá-las "em 45 minutos". E de novo o espetáculo, que agora, mais do que prelúdio à guerra, se constituía como o primeiro ato da guerra, alertando contra um inimigo de quem a humanidade devia absolutamente se livrar.

Mas o arsenal de mentiras utilizadas ou prontas para serem utilizadas foi muito além. No intuito de "desacreditar o líder iraquiano perante os olhos de seu próprio povo", a Agência Central de Inteligência (CIA) se propunha a "difundir em Bagdá um filme revelando que Saddam era gay. O vídeo devia mostrar o ditador iraquiano tendo relações sexuais com um garoto. 'Devia parecer filmado por uma câmera escondida, como se se tratasse de uma filmagem clandestina'". Também devia ser considerada "a hipótese de interromper as transmissões televisivas iraquianas com uma falsa edição extraordinária do telejornal contendo o anúncio de que Saddam renunciara e de que todo o poder fora tomado por seu temido e odiado filho, Uday"[14].

Mas, se o Mal deve ser mostrado e estigmatizado em todo seu horror, o Bem deve ser mostrado em todo seu esplendor. Em dezembro de 1992, os *marines* estadunidenses desembarcavam na praia de Mogadíscio. Para ser preciso, desembarcavam duas vezes, e a repetição da operação não se devia a dificuldades militares ou logísticas imprevistas. Era preciso mostrar ao mundo que, antes de ser um corpo militar de elite, os *marines* eram uma organização beneficente e caridosa que levava a esperança e o sorriso ao povo somali, devastado pela miséria e pela fome. A repetição do desembarque-espetáculo devia corrigi-lo em seus detalhes errôneos ou defeituosos. Um jornalista que foi testemunha explicou:

> Tudo aquilo que está acontecendo na Somália e que acontecerá nas próximas semanas é um show militar-diplomático. [...] Uma nova época na história da política e da guerra começou na bizarra noite de Mogadíscio. [...] A "Operação Esperança" foi a primeira operação militar não apenas transmitida ao vivo pela televisão mas pensada, construída e organizada como um show televisivo.[15]

---

[14] Enrico Franceschini, "La CIA girò un video gay per far cadere Saddam", *La Repubblica*, 28 maio 2010, p. 23.

[15] Vittorio Zucconi, "Quello sbarco da farsa sotto i riflettori TV", *La Repubblica*, 10 dez. 1992.

Mogadíscio era a compensação por Timisoara. Poucos anos depois da representação do Mal (o comunismo finalmente colapsado), seguia-se a representação do Bem (o Império estadunidense que emergia do triunfo da Guerra Fria). Ficam agora claros os elementos constitutivos da guerra--espetáculo e de seu êxito.

TERCEIRA PARTE
IMPERIALISMO ESTADUNIDENSE, O INIMIGO PRINCIPAL

A DOUTRINA BUSH E O IMPERIALISMO PLANETÁRIO*
Isolar o eixo EUA-Israel, primeira tarefa do movimento pela paz

Embora se desenvolva na mesma área geográfica e tenha como alvo o mesmo país, a agressão contra o Iraque que os Estados Unidos se preparam para desencadear tem um significado sensivelmente distinto e decisivamente mais inquietante do que a promovida na Guerra do Golfo, de 1991. Nesse meio-tempo, a doutrina Bush interveio com a teoria da guerra preventiva, evocada para enfrentar "as ameaças emergentes antes que elas atinjam sua plena forma". Quer se trate de "uma ameaça específica aos Estados Unidos" ou "aos seus aliados e amigos", quer se trate de uma ameaça à segurança ou apenas aos seus "interesses" – todas elas, sem a menor distinção, devem ser liquidadas. Àqueles que ainda não entenderam a administração estadunidense esclarece estar pronta para "agir todas as vezes que nossos interesses sejam ameaçados".

Mas tudo isso não basta. É preciso acabar com "terroristas e tiranos" e com os países que "rejeitam os valores humanos básicos e odeiam os Estados Unidos e tudo o que representam". Se tivermos em mente que, ao definirmos as "ameaças", os "interesses", os "terroristas", os "tiranos", os "valores humanos básicos" e até mesmo o sentimento de "ódio", é sempre e tão somente a superpotência estadunidense que explicitamente se recusa a ter as mãos atadas por uma organização internacional, uma conclusão se impõe: não há país, qualquer que seja o seu regime político e social, nem há área geográfica, por mais distante dos Estados Unidos que seja, que possa considerar-se a salvo da reivindicação de jurisdição universal que Washington atribui a si mesma. Estamos diante de um intervencionismo planetário que, em nome da prevenção, está pronto para

---

* Traduzido do italiano por Diego Silveira. Publicado originalmente em italiano como "La dottrina Bush e l'imperialismo planetario" em Domenico Losurdo, *Imperialismo e questione europea* (Napoli, La scuola di Pitagora, 2019) p. 119-136.

incendiar o planeta. Não por acaso, um *pathos* ativista atravessa em profundidade a doutrina Bush: "No novo mundo em que somos negligenciados, o único caminho para a salvação é o caminho da ação". E essa ação, como mais de uma vez vazou nas declarações deste ou daquele expoente da administração estadunidense, pode muito bem ultrapassar a fronteira nuclear.

Compreendem-se, então, a inquietação e o alarme que se difundem muito além dos círculos da esquerda. O que está acontecendo? Por que à Guerra Fria não se sucedeu a paz perpétua prometida pelos vencedores, mas sim uma série de guerras quentes que parecem não ter fim? Quais são os reais objetivos dessa nova direção e da doutrina Bush? Se examinarmos as respostas ou as tentativas de resposta a essas perguntas, uma categoria saltará diante de nossos olhos. Imediatamente após o 11 de Setembro, um eminente historiador inglês das doutrinas políticas, Quentin Skinner, declarou: "Penso que seria mais apropriado caracterizar os ataques terroristas como dirigidos não à liberdade ou aos ideais estadunidenses, mas à política estadunidense, ao imperialismo estadunidense, sobretudo no Oriente Médio"[1]. Agora passamos a palavra a outros dois estudiosos, desta vez, dos Estados Unidos: "A guerra estadunidense contra o terror é uma reedição do imperialismo"[2]; o que inspira Bush – observa Anatol Lieven, expoente da prestigiosa instituição Carnegie Endowment for International Peace – é um "imperialismo cada vez mais explícito"[3]. Não somente os intelectuais se expressam dessa forma: se Ted Kennedy se distancia do "novo imperialismo" de Washington[4], o ex-chanceler alemão Helmut Schmidt denuncia fortemente a "tendência estadunidense ao unilateralismo e até mesmo ao imperialismo"[5]. Independentemente deste ou daquele autor, desta ou daquela personalidade, é cada vez mais frequente o ressoar das reservas ou das críticas em relação ao "imperialismo do livre mercado" ou ao "imperialismo dos direitos humanos".

Por outro lado, não faltam tentativas de reabilitação. Quando da guerra contra a Iugoslávia, lia-se na imprensa estadunidense: "Somente o imperialismo

---

[1] Citado em Paolo Passarmi, "Afghanistan? Non è una guerra, somiglia alla vendetta", *La Stampa*, 16 dez. 2001, p. 25.

[2] Michael Ignatieff, "Lehrer Atta, Big D und die Amerikaner", *Die Zeit*, 15 ago. 2002, n. 34, p. 34 (originalmente publicado no jornal *The New York Times*).

[3] Citado em Anthony Lewis, "Bush and Iraq", *The New York Review of Books*, 7 nov. 2002, p. 6.

[4] Citado em Maurizio Molinari, "Un coro attraversa l'America: no alla guerra", *La Stampa*, 8 out. 2002, p. 3.

[5] Helmut Schmidt, "Europa braucht keinen Vormund", *Die Zeit*, 1º ago. 2002, n. 32, p. 3.

ocidental – apesar de poucos gostarem de chamá-lo pelo nome – é capaz agora de unir o continente europeu e salvar os Bálcãs do caos"[6]. A um par de anos de distância, o discurso se torna ainda mais preciso; de "ocidental", o imperialismo se torna unicamente estadunidense; e é a *Foreign Affairs* que proclama – já no título que introduz o número da revista e também no artigo de abertura – que "a lógica do imperialismo ou do neoimperialismo é muito atraente para que Bush possa resistir a ela"[7].

Sim, os Estados Unidos seriam "um imperialismo relutante", mas necessário e benéfico. Na verdade, a charge que ilustra essa tese, representando um Tio Sam empenhado em brincar com o mapa-múndi, dá uma ideia mais que de relutância, de uma soberana complacência. E, ainda assim, de um lado, a reabilitação de uma categoria que se tornou odiosa nos anos da luta contra o nazifascismo e o colonialismo deixa clara a radicalidade do processo de reação hoje em curso; de outro lado, a crítica da contemporânea política de guerra e de poder recorre cada vez mais frequentemente a uma categoria que cumpre um papel central na análise de Lênin, um autor há muito tempo considerado morto e enterrado sob as ruínas do campo socialista.

Da nova ordem internacional ao imperialismo

Como explicar essas novidades? Dez anos atrás, Bush pai desencadeava a guerra contra o Iraque em nome da Nova Ordem Internacional: para construí-la, foram convocados o Ocidente de conjunto, o Japão e até mesmo a ofegante União Soviética de Gorbatchov; ao menos em teoria, a protagonista dessa nova ordem seria a "comunidade internacional", o mundo "civilizado" enquanto tal. Muito distinto é o clima ideológico dos dias atuais. A doutrina de Bush Jr. reivindica aos Estados Unidos, e somente a esse país, uma "grande missão". Não por acaso se trata do presidente que, à época, levou adiante uma campanha eleitoral na qual brandia um mandamento sobre o qual não pode haver nenhuma dúvida: "Nossa nação foi eleita por Deus e tem o dever histórico de ser um modelo para o mundo".

É fato que se trata de um velho mote da ideologia estadunidense. Mas, agora, ele não só se torna obsessivo como pretende ser o princípio-guia para

---

[6] Robert David Kaplan, "A Nato Victory Can Bridge Europe's Growing Divide", *International Herald Tribune*, 8 abr. 1999, p. 10.

[7] Sebastian Mallaby, "The Reluctant Imperialist", *Foreign Affairs*, mar.-abr. 2002, p. 2-7.

a transformação e regeneração de todo o planeta, e, portanto, para sua submissão à vontade soberana de Washington. Diante de um país inspirado e consagrado pela "divina providência", não somente "terroristas e tiranos" mas também os tradicionais aliados "democráticos" se revelam em toda sua profana vulgaridade e irrelevância.

A própria Aliança Atlântica (como também é chamada a Organização do Tratado do Atlântico Norte - Otan), para não falar da Organização das Nações Unidas (ONU), pode colaborar e ser útil à administração estadunidense, mas não deve ser um obstáculo à sua vontade soberana: "devemos estar preparados para agir separadamente quando os nossos interesses e as nossas únicas responsabilidades o exijam". Já numa entrevista do verão passado, o presidente estadunidense continuou enfatizando que "os Estados Unidos se encontram numa posição única"[8]. A "comunidade internacional", que conduziu à primeira Guerra do Golfo e à agressão contra a Iugoslávia, portanto, foi substituída pela nação "única" e "eleita por Deus". Nesse ponto, emerge com clareza o caráter subalterno da função prevista para os países "aliados", o que faz com que, no seu interior, comecem a emergir vozes críticas em relação ao "unilateralismo" e, às vezes, até mesmo ao "imperialismo" de Washington.

Trata-se de uma tomada de consciência não apenas tímida e incompleta, mas sobretudo tardia. Vejamos com que argumentos, por ocasião da primeira Guerra do Golfo, os seus defensores tentaram convencer os setores da opinião pública estadunidense relutantes em embarcar na aventura bélica: "Os isolacionistas conservadores realmente se sentiriam aliviados se a Marinha japonesa patrulhasse o Golfo enquanto 100 mil soldados japoneses desembarcassem na Arábia Saudita?". O jornalista italiano que reporta essa declaração de Irving Kristol comentou: "Não há dúvida de que o grupo dirigente dos Estados Unidos viu na crise uma oportunidade para a retomada da liderança estadunidense no terreno onde não conhece concorrentes", isto é, o terreno militar[9]. Algum tempo depois, na esteira da vitória contra o Iraque, Washington ameaça também a Líbia, o que faz o então embaixador russo em Trípoli, Benjamin Popov, observar que os Estados Unidos visavam sim a "controlar a produção do petróleo do Oriente Médio", mas também a "impedir o desenvolvimento

---

[8] Bob Woodward, "Bush's Sets a Course of 'Confident Action'", *International Herald Tribune*, 20 nov. 2002, p. 1 e 4.

[9] Rodolfo Brancoli, "Dietro il consenso a Bush già serpeggia il malumore", *Corriere della Sera*, 24 ago. 1990, p. 3.

das relações econômicas entre Líbia e Europa"[10]. Nesse ponto, convém reler Lênin: o que caracteriza o imperialismo é "a conquista de terras, o que serve menos ao benefício próprio que ao enfraquecimento do adversário".

Podemos agora compreender melhor os objetivos visados pelas guerras do Golfo e pela liquidação que, com o pretexto da luta contra o terrorismo, os Estados Unidos realizaram na Ásia central. Não basta nos referirmos ao petróleo enquanto objetivo constante desse frenético ativismo diplomático-militar. O colonialismo também visa a espoliar das matérias-primas e dos recursos os países que ele domina. Mais importante é outra consideração: a superpotência estadunidense no Oriente Médio, bem como na Ásia central, pretende submeter ao seu controle total e exclusivo as fontes energéticas de que dependem os países que poderiam ser um empecilho à sua hegemonia e que hoje já lhe fazem sombra.

Se o colonialismo clássico visava, em primeiro lugar, à pilhagem, a busca pela hegemonia é a mola propulsora decisiva para o imperialismo propriamente dito. Um olhar para a história dos Estados Unidos pode esclarecer melhor essa diferença. Entre os séculos XVIII e XIX, a conquista do Velho Oeste, com a progressiva expropriação, deportação e dizimação dos peles-vermelhas, é um capítulo da história do colonialismo: trata-se de se apropriar da terra e das riquezas do subsolo. Com a ocupação das Filipinas, no início do século XX, ao objetivo tradicional de espoliar dos recursos se entrelaça outro ainda mais ambicioso. Agora, a partir do posto avançado constituído pelo novo território submisso, o olhar se volta para o Japão: já começou a corrida imperialista pela hegemonia no Pacífico, que mais tarde desemboca numa sanguinária prova de força militar entre 1941 e 1945. Quando concluída, os Estados Unidos instalam no país derrotado bases militares, cujo objetivo é, em primeiro lugar, a contenção e o cerco da União Soviética.

Depois do fim da Guerra Fria e da vitória de tipo napoleônico (como diria Lênin), que os consagra como superpotência única e sem rivais, os Estados Unidos cada vez mais claramente se empenham em realizar um império planetário. É nesse quadro que se instala um expansionismo desenfreado em direção às áreas mais ricas e promissoras em termos de reservas de petróleo e gás natural. Além do impulso à economia estadunidense – graças ao abastecimento energético a baixo custo, aos novos mercados que se abrem e ao *boom* da indústria militar –, está em jogo uma aposta ainda mais importante:

---

[10] Igor Man, "Prigioniero nel suo labirinto", *La Stampa*, 1º abr. 1992, p. 1.

trata-se de redimensionar drasticamente o peso geoeconômico e estratégico da Rússia e de agravar a vulnerabilidade energética e econômica não somente da China – contra a qual a doutrina Bush lança pesadas advertências – mas também dos países "aliados" na Ásia e na Europa. Isso sem mencionar o fato de que os experimentos com novas armas e novas tecnologias nos campos de batalha poderiam reforçar ulteriormente o papel dos Estados Unidos como superpotência única e sem rivais, capaz de enviar a qualquer ponto do mundo, sem maiores riscos, os seus policiais e seus pelotões de execução.

Compreende-se, então, que na Europa comecem a resmungar ou a protestar abertamente inclusive setores das burguesias nacionais. É nesse quadro que se observa a intervenção de Helmut Schmidt. Este não se limita a criticar o "unilateralismo" e a tendência "imperialista" da nova administração estadunidense. Ele também busca traçar as origens de tal política: "Reagan bombardeou Granada, Clinton bombardeou Belgrado e uma fábrica no Sudão – tudo isso sem uma resolução do Conselho de Segurança da ONU, tudo isso em violação à Carta das Nações Unidas". Ainda mais importante é o fato de o ex-chanceler alemão contrapor positivamente Rússia e China ao servilismo de certos governos europeus: "Diferentemente de Putin e Jiang Zemin, alguns ministros e chefes de governo europeus reagiram ao unilateralismo estadunidense de modo indigno". Enfim, Schmidt não hesita em defender a China: do outro lado do Atlântico, quem desencadeia a campanha contra o grande país asiático são "intelectuais de orientação imperialista". E, de novo, na crítica de um país já inclinado a um "uso inescrupuloso do poder" e pronto até mesmo a disparar "o primeiro ataque nuclear", na análise da situação internacional contemporânea, retorna uma categoria que, em primeiro lugar, remete a Lênin.

POR QUE É ESSENCIAL A CATEGORIA DE IMPERIALISMO?

Ao reterem seu olhar irônico sobre a categoria de "imperialismo", os setores mais provincianos da esquerda, aqueles tomados pelo desejo de parecerem modernos e atualizados, acabam, na realidade, por reproduzir acriticamente os lugares-comuns da ideologia do imperialismo. A história dessa ideologia é acompanhada pela sombra do mito que celebra a unidade profunda das grandes potências "civis" enquanto "polícia internacional" convocada a manter a ordem no mundo. Ao espalhar com zelo particular esse mito, mesmo trocando o sinal positivo pelo negativo, são hoje os críticos à esquerda da categoria de imperialismo os campeões – a seu próprio modo – da superação do leninismo.

Na realidade, posicionando-se dessa forma, eles difundem uma perigosa ilusão de que a guerra infinita, teorizada e praticada por Washington, tivesse como alvo sempre e tão somente países pequenos: Iugoslávia, Iraque e, amanhã, Irã, Síria, Líbia, ou, no hemisfério ocidental, Cuba, Venezuela e outros países. Mas a doutrina Bush é de uma clareza inequívoca: "Resistiremos firmemente a qualquer agressão proveniente de outras grandes potências". E ainda: "As nossas Forças Armadas terão força suficiente para dissuadir potenciais adversários que persigam uma política de rearmamento na esperança de superar, ou mesmo de alcançar apenas, o poderio dos Estados Unidos". Como se vê, os alvos não são apenas os pequenos "Estados-canalhas"... Que nenhuma grande potência ouse, nem diria "agredir", mas sequer seguir os Estados Unidos em sua frenética corrida armamentista, obstaculizando a aspiração do inquilino da Casa Branca de se afirmar como soberano único e incontestável do planeta inteiro!

Enquanto corre em silêncio o perigo de guerras em grande escala, a teoria que considera desaparecidos o imperialismo e as contradições entre as grandes potências não ajuda e não encoraja a resistência dos povos e dos países oprimidos. De Lênin a Mao, de Ho Chi Minh a Castro, os grandes inspiradores e protagonistas dos movimentos de emancipação dos povos coloniais insistiram na necessidade de utilizar todas as contradições do quadro internacional. Assim, a vitória da Revolução Chinesa foi facilitada pelos conflitos entre a União Soviética socialista e o Japão imperialista e entre o imperialismo japonês e o imperialismo estadunidense. Sempre, no segundo pós-guerra, os povos indiano, egípcio, argelino ou outro. puderam conquistar ou manter a independência pelo fato de que, em suas lutas, souberam tirar proveito, seja do apoio político--diplomático e, às vezes, militar do campo socialista, seja das contradições e das fissuras que dividiam o imperialismo estadunidense do imperialismo britânico e francês.

Mas eis que agora a teoria da "nova Ialta" declara aos povos oprimidos ou ameaçados de agressão que eles continuarão tendo contra si a força, inteira e compacta, não apenas do mundo capitalista mas também de todas as grandes potências, inclusive da China dirigida por um partido comunista. No esforço de escapar do mortífero embargo de Washington, Cuba desenvolve relações comerciais não somente com a Espanha e o Canadá, que bem ou mal tentam resistir às pressões estadunidenses, mas também, mesmo com grande distância geográfica, com a China, da qual a pequena ilha importa maquinário industrial essencial para o seu desenvolvimento. Mas, do ponto de vista dos indiferentes críticos da "nova Ialta", não há diferença alguma entre a superpotência que impõe o embargo, os países que, com timidez, tentam superá-lo e o grande país asiático que o ignora por completo.

Também nesse caso os supostos "superesquerdistas" não fazem senão retomar os mitos da ideologia dominante. À sua época, a agressão contra a Iugoslávia foi apresentada como uma iniciativa da "comunidade internacional" e, ainda assim, opuseram-se à guerra países como a Rússia, a China, a Índia...

A pretensa "comunidade internacional" de 1999 hoje está drasticamente reduzida; e, mesmo assim, os Estados Unidos tentam justificar a guerra que pretendem desencadear contra o Iraque apresentando-se como os intérpretes e executores da resolução votada por unanimidade no Conselho de Segurança da ONU. Ignoram o fato de que aquela resolução é o resultado de um duro embate, no decorrer do qual Washington, não obstante suas ameaças, foi obrigada a renunciar a seus pedidos mais extremistas. E esse embate está longe de sua conclusão: enquanto a Rússia, a França e a China continuam reiterando que a última palavra compete ainda ao Conselho de Segurança da ONU, Bush se reserva o direito de apertar o gatilho quando e como quiser.

Propagando o mito de uma "nova Ialta", profundamente unida na vontade por uma guerra contra o Iraque, os supostos "superesquerdistas" dão de fato razão à administração estadunidense e acabam por corroborar seus planos de guerra!

Enfim, o intervencionismo planetário de Washington considera superados os limites estatais e nacionais. Existem direitos humanos que valem para "todas as pessoas, em todas as civilizações"; portanto, "os Estados Unidos aproveitarão a oportunidade desse momento para estender os benefícios da liberdade a todo o planeta". Uma vez mais, o que deve ser entendido por "liberdade" é decidido pelo soberano planetário sentado na Casa Branca. Deve ser condenado como infectado pelo "totalitarismo" todo governo que questione o "livre mercado", a "liberdade econômica", os "mercados abertos", o "respeito à propriedade privada", e que recorra, em vez de às "saudáveis políticas fiscais de apoio ao empreendedorismo" e aos investimentos, à "mão pesada do governo".

Em última análise, toda tentativa de construir ou manter de pé o Estado social deve ser descartada enquanto um ataque à liberdade. Sendo assim, o pretenso universalismo estadunidense se revela como um ataque de dimensões planetárias aos direitos econômicos e sociais que são inclusive sancionados pela ONU. No que se refere aos outros direitos do homem, é importante não perder de vista a condição dos detidos em Guantánamo ou a execução, sem julgamento e do alto dos aviões da Agência Central de Inteligência dos Estados Unidos (CIA), daqueles suspeitos de terem vínculos com o terrorismo...

Nem por isso o universalismo de Washington se revela menos imperioso. Aliás, ele é tão seguro de si que se apresenta de forma decididamente mais ingênua em relação ao passado. Bush Jr. não hesita em declarar que as guerras por ele programadas têm como objetivo afirmar "os interesses e os princípios americanos". Mas por que os outros povos deveriam curvar-se sem objeções e, mais que isso, reverenciar os interesses e os princípios estadunidenses? Para os ideólogos e os estrategistas da Casa Branca e do Pentágono, não há dúvidas: entre "seus interesses e seus princípios", de um lado, e os valores universais, do outro, há uma espécie de harmonia preestabelecida. É por isso que a doutrina Bush teoriza, sem constrangimento e sem vergonha, um "internacionalismo distintamente americano, que reflita a união dos nossos valores e dos nossos interesses nacionais"!

Não somente os "valores" mas inclusive os "interesses" de um povo específico se apresentam como a expressão de uma universalidade superior, à qual não é lícito resistir e que é chamada a se impor também pela força das armas. Estamos diante de uma contradição lógica manifesta ou de uma reivindicação inédita; mas tudo isso não constitui um problema para quem pretende falar em nome de um "povo eleito" e ter consigo o bom Deus e a providência. E é a partir dessa tranquila certeza de ser o único e exclusivo porta-voz dos valores universais, ou melhor, dos "valores dados por Deus" (como ele declarou na já citada entrevista), que Bush Jr. – ao formular a doutrina que reivindica para Washington o direito à guerra preventiva e ao intervencionismo planetário – proclama também o fim do Estado nacional: "Hoje, a distinção entre assuntos internos e externos está se estreitando. Num mundo globalizado, mesmo os eventos que acontecem para além dos limites da América têm um grande impacto interno".

Dessa maneira, começam a se tornar questões de política interna da superpotência estadunidense inclusive acontecimentos que se desenvolvem muito longe de suas fronteiras. Naturalmente, nos próprios Estados Unidos, os críticos liberais desse imperialismo camuflado de "internacionalismo" e de universalismo não têm dificuldade em observar: "É uma visão em que a soberania se torna mais absoluta para a América, ainda que se torne mais restrita para os países que desafiam o padrão Washington de comportamento no plano interno e internacional"[11].

Isto é, o excessivo poder soberano que se arroga a única superpotência é uma grave ameaça à independência e à segurança dos outros países. Vem à

---

[11] Gilford John Ikenberry, "America's Imperial Ambition", *Foreign Affairs*, set.-out. 2002, p. 44.

mente a observação de Lênin, segundo a qual o imperialismo se caracteriza pela "enorme importância da questão nacional".

Além da esfera econômica, a polarização provocada pelo imperialismo investe também a esfera política: o problema da defesa da independência nacional se faz sentir fortemente além do tradicional mundo colonial. Novamente, ao proclamar o fim do Estado nacional, certa "esquerda" acaba em consonância substancial com o imperialismo.

Estados Unidos e Israel: o eixo do imperialismo

O excessivo poder militar e multimídia do imperialismo estadunidense não pode fazer perder de vista os seus pontos fracos. Somente um país se identifica totalmente com ele. Se a própria Inglaterra ou a própria Austrália às vezes demonstram alguma hesitação, esse não é o caso de Israel. Aqui, não há diferença entre Sharon e Peres ou Barak: todos os três, no governo ou na oposição, pressionam pela guerra, e não apenas contra o Iraque mas também, em alguma medida, contra o Irã, a Síria, a Líbia... Para conseguir levar o povo palestino à capitulação, Israel precisa promover a política de terra arrasada ao seu redor.

No fim da Segunda Guerra Mundial e antes da eclosão da Guerra Fria, Washington pensa por um instante em liquidar de uma vez por todas a concorrência da Alemanha, desindustrializando-a e reduzindo-a a um país agrícola e pastoril. É o famigerado plano Morgenthau, que teria condenado à miséria e até mesmo à fome setores fundamentais da população alemã.

Com o pretexto de impedir a proliferação das armas de destruição em massa, Estados Unidos e Israel concordam no desejo de impor a desindustrialização aos países árabes e islâmicos que constituem a retaguarda do povo palestino. Desse modo, Israel consolidaria nitidamente sua posição de potência hegemônica no Oriente Médio e os Estados Unidos percorreriam um bom trecho da estrada que leva à instauração do cobiçado império planetário.

Além da convergência estratégica, o que consolida posteriormente a unidade dos países do eixo do imperialismo é também sua consonância ideológica, como demonstra, tanto num caso como no outro, a mitologia do "povo eleito".

Para o movimento de luta pela paz, a denúncia e o isolamento do eixo do imperialismo constituem hoje a tarefa principal.

OS ESTADOS UNIDOS E AS RAÍZES POLÍTICO-CULTURAIS DO NAZISMO*

O "SÉCULO DAS RAÇAS": DO SÉCULO XIX AO XX

Pelo menos desde Hannah Arendt, tornou-se lugar-comum incluir o Terceiro Reich e a União Soviética na categoria de "totalitarismo". Contudo, essa abordagem apresenta não poucos inconvenientes. Em primeiro lugar, ela separa claramente o século XX – lido como o século do advento do poder totalitário e genocida – do desenvolvimento histórico anterior, quase corroborando a usual leitura que descreve as décadas anteriores a 1914 (ou a 1917) como o período da *belle époque*. No entanto, notáveis historiadores demarcaram o século XIX como aquele em que se concretiza o "holocausto estadunidense" (ou a "solução final na questão dos ameríndios") e em que se consumam o "holocausto australiano" e os "holocaustos tardovitorianos".

Estamos diante de horrores que afetam a própria metrópole, não somente os Estados Unidos – onde "a degradação e a aniquilação dos indígenas da Califórnia" se torna "uma espécie de esporte popular" e o linchamento sádico dos negros se configura como um espetáculo de massas, regularmente anunciado pela imprensa local e presenciado, com apaixonada participação, por uma multidão composta inclusive de mulheres e crianças –, mas também a Europa: o principal responsável (*sir* Trevelyan) pela política inglesa, que, em meados do século XIX, leva centenas de milhares de irlandeses a morrerem

---

* Traduzido do italiano por Diego Silveira. Publicação original em italiano em "Gli Stati Uniti e le origini politico-culturali del nazismo" em Domenico Losurdo, *Imperialismo e questione europea* (Napoli, La scuola di Pitagora, 2019) p. 173-226.

de fome, foi tachado de "proto-Eichmann"[1]. O século que hoje a teoria do totalitarismo tende a contrapor positivamente ao XX foi à sua época definido como o século "mais doloroso" da história humana. Quem se expressa assim é Houston Stewart Chamberlain, que, todavia, não pretende formular nenhum juízo crítico: trata-se do "século das colônias" e sobretudo do "século das raças", que teve o mérito de rejeitar de uma vez por todas as ingênuas "ideias de fraternidade universal do século XVIII" e a mitologia da origem comum e da unidade do gênero humano – aparato ideológico ao qual, apesar dos estrondosos desmentidos da história e da ciência, os "socialistas" permanecem pateticamente agarrados[2]. Essa apresentação do século XIX, obra de um autor particularmente caro a Hitler, remete-nos imediatamente ao século XX e ao programa colonial e racial do Terceiro Reich, sugerindo assim uma continuidade ignorada pelo discurso corrente sobre o totalitarismo.

Mas essa categoria permite ao menos englobar em sua totalidade o horror do século sobre o qual ela se propõe a concentrar sua atenção, o horror do século XX? Infelizmente, não é assim. Recuemos aquém da Revolução de Outubro, que constituiria o ponto de partida da história do totalitarismo. De quais categorias nos podemos valer, então, para compreender a Primeira Guerra Mundial, quando, como diria Weber, também nos países de tradição liberal consolidada, se atribui ao Estado "um poder 'legítimo' sobre a vida, a morte e a liberdade" dos cidadãos[3]? Com efeito, irrompem aqui a mobilização e a regulamentação totais, as execuções e as dizimações – inclusive no interior do próprio campo –, as impiedosas punições coletivas, que comportam, por exemplo, a deportação e o extermínio dos armênios. E, antes ainda, em que contexto colocar as guerras balcânicas, os massacres em larga escala que as caracterizam? Sempre recuando historicamente, como ler a tragédia dos hererós, considerados inúteis pela Alemanha guilhermina até mesmo como força de trabalho servil e, inclusive, no início do século XX, explicitamente condenados ao aniquilamento?

Agora, em vez de recuarmos, vamos adiante da Primeira Guerra Mundial e da Revolução de Outubro. Pouco mais de duas décadas depois, o campo de

---

[1] Domenico Losurdo, *Controstoria del liberalismo* (Roma e Bari, Laterza, 2005), ver cap. 9 e 10.
[2] Houston Stewart Chamberlain, *Die Grundlagen des neunzehnten Jahrhunderts* (Munique, Bruckmann, 1937), p. 997 e 33.
[3] Domenico Losurdo, *Kamps um die Geschichte: der historische Revisionismus und seine Mythen – Nolte, Furet und die andere* (Colônia, Papyrossa, 2007), ver cap. 5.

concentração aparece nos Estados Unidos: com base numa ordem de Franklin Delano Roosevelt, cidadãos estadunidenses de origem japonesa são presos, incluídas as mulheres e as crianças. Nesse mesmo momento, na Ásia, a guerra conduzida pelo Império do Sol Nascente toma formas particularmente repugnantes. Após a tomada de Nanquim, o massacre se torna uma espécie de disciplina esportiva e, ao mesmo tempo, de diversão: quem consegue ser mais rápido e eficiente em decapitar os prisioneiros? A desumanização do inimigo alcança agora uma completude muito rara: no lugar de animais, os experimentos de vivissecção são realizados com chineses, que, por outro lado, são os alvos vivos dos soldados japoneses que se exercitam atacando com baionetas. A desumanização atinge profundamente também as mulheres, que, nos países invadidos pelo Japão, são submetidas a uma brutal escravidão sexual: são as mulheres de conforto, obrigadas a "trabalhar" em ritmo infernal – a fim de recuperar o exército de ocupação das fadigas da guerra – e frequentemente eliminadas, uma vez tornadas inúteis devido ao desgaste ou a uma somatória de doenças[4]. A guerra no Extremo Oriente, na qual o Japão ataca a China, inclusive com armas bacteriológicas, e, além disso, também os prisioneiros ingleses e estadunidenses, termina com o bombardeio atômico de Hiroshima e Nagasaki, num país que já está no limite e se prepara para a rendição: é por isso que estudiosos estadunidenses comparam a aniquilação da população civil das duas cidades japonesas já indefesas ao genocídio judeu consumado pelo Terceiro Reich na Europa.

Não há sequer traço dessas questões nas tradicionais teorias do totalitarismo, assim como não há traço daquilo que se verifica na segunda metade do século XX, por exemplo, na América Latina – onde os Estados Unidos intervêm repetidamente não apenas para sustentar ou instaurar ferozes ditaduras militares mas também para promover ou facilitar "atos de genocídio": este ponto ganha destaque, na Guatemala, com a "Comissão da Verdade" instituída em 1999, que faz referência à sorte que coube aos indígenas maias, culpados por simpatizarem com os opositores ao regime caro a Washington[5].

Enfim, a categoria de totalitarismo explica muito pouco do universo social, político e ideológico dos regimes a que se aplica. Detenho-me aqui no Terceiro

---

[4] Domenico Losurdo, "Per una critica della categoria di totalitarismo", em Manuela Ceretta (org.), *Bonapartismo, cesarismo e crisi della società: Luigi Napoleone e il colpo di Stato del 1851* (Florença, Olschki, 2003), p. 167-96.

[5] Mireya Navarro, "U. S. Aid and 'Genocide': Guatemala Inquiry Details CIA's Help to Military", *International Herald Tribune,* 27-28 fev. 1999, p. 3.

Reich. Na véspera da Operação Barbarossa, ao clamar pela "aniquilação dos comissários bolcheviques e da intelectualidade comunista", Hitler enuncia um princípio de essencial importância: "A luta será muito diferente da luta no Ocidente"; no Oriente se impõe uma "dureza" extrema e os oficiais e os soldados são chamados a "superar suas reservas" e seus escrúpulos morais[6]. Como explicar que o mesmo país, no mesmo período temporal e até no mesmo conflito mundial, teorize e pratique em duas frentes comportamentos entre si tão diferentes? Seria próprio de uma postura acomodada buscar a resposta à luz do discurso sobre o totalitarismo. Podemos remeter ao furibundo anticomunismo do regime nazista, mas dessa maneira acabamos contrapondo os dois países que aquela categoria tende a comparar. Por outro lado, já na campanha na Polônia, Hitler formula um programa idêntico àquele recém-aplicado contra a União Soviética: impõe-se a "eliminação das forças vitais" do povo polaco; "todos os representantes da intelectualidade polaca devem ser aniquilados", "isso pode soar duro, mas é sempre uma lei da vida"; é preciso "proceder de modo brutal", sem se deixar acometer pela "compaixão"; o direito está ao lado do mais forte"[7]. Apesar de, neste caso, o agredido ser um país que compartilha com o Terceiro Reich o fervor anticomunista, trata-se também aqui de estabelecer um "protetorado"[8], semelhante aos "protetorados" previstos para "os países do mar Báltico, a Ucrânia e a Bielorrússia". Tanto em um caso como no outro, não se podem perder de vista as "tarefas coloniais"[9] e as duras necessidades do império continental a ser erguido na Europa oriental: enfrentando os povos destinados a trabalhar como escravos a serviço da raça dos senhores, é necessário não apenas aniquilar a classe intelectual existente mas também recorrer a todos os meios para "impedir que se forme uma nova classe intelectual"; não se pode esquecer que "só pode haver um senhor, o alemão"[10]. É por isso que a guerra no Leste deve ser conduzida com modalidades distintas e decisivamente mais bárbaras que no Oeste. Na realidade, no Oeste existe uma diferenciação: do respeito ao *jus in bello* e às normas do *jus publicum europaeum*, estão excluídos os judeus,

---

[6] Adolf Hitler, *Mein Kampf* (Munique, Zentraverlad der Nsdap, 1965), p. 1682 (de 30 de março de 1941).

[7] Ibidem, p. 1237-8 (de 22 de agosto de 1939) e 1591 (de 2 de outubro de 1940).

[8] Idem, *Hitlers zweites Buch: ein Dokument aus dem Jahre 1928* (Stuttgart, Deutsche Verlags--Anstalt, 1961), p. 1238 (de 22 de agosto de 1940).

[9] Ibidem, p. 1682 (de 30 de março de 1941) e 1591.

[10] Idem.

estranhos à Europa e à civilização, constituindo, como diria Goebbels, "um corpo estranho no plano das nações civilizadas"[11].

Como se nota, o elemento central da ideologia nazista é a dicotomia entre povos e raças depositárias da civilização, destinados ao domínio, e povos e raças que encarnam a barbárie e devem resignar-se à sua condição natural de escravos ou semiescravos. Muito longe de desaparecer, o século das "colônias" e das "raças" e a interligada destruição da unidade do gênero humano (de que fala Chamberlain no final do século XIX) entram agora em sua fase decisiva na própria Europa: "durante todo o século passado" – ressalta Hitler, voltando--se para os industriais alemães e conquistando definitivamente seu apoio para ascender ao poder –, "os povos brancos" conquistaram uma posição de incontestável domínio, ao final do processo iniciado com a conquista da América e desenvolvido no marco do "absoluto e inato sentimento senhorial da raça branca"[12]. Estava ameaçada a hierarquia natural existente entre os indivíduos que constituem um povo e, preliminar e mais acentuadamente, entre os diferentes povos coloniais e as diferentes raças; estava em risco o fundamento da civilização; ameaças estas colocadas pela revolta dos povos coloniais e pela subversão comunista. Isto é obra do *Untermensch* ou ainda do *Untermenschentum* bolchevique, ou melhor, judaico-bolchevique[13]: esse sub-humano e essa sub-humanidade visam não apenas à derrubada mas até mesmo à "aniquilação das raças europeias", dos "povos arianos", dos "povos ariano-europeus"[14].

AS PALAVRAS-CHAVE DA IDEOLOGIA NAZISTA E SUAS ORIGENS

Untermensch: deparamo-nos aqui com a palavra-chave que expressa de modo concentrado toda a carga de desumanização e de violência genocida inerente à ideologia nazista. Por antecipação, são privados da plena dignidade humana todos aqueles destinados a se tornar simples instrumentos de trabalho ou ser aniquilados enquanto agentes patogênicos, culpabilizados por fomentar a

---

[11] Joseph Goebbels, *Tagebücher* (Munique-Zurique, Piper Verlag, 1991), p. 1659 (de 19 de agosto de 1941).

[12] Adolf Hitler, *Reden und Proklamationen 1932-1945* (Munique, Süddeutscher Verlag, 1965), p. 75 (discurso de 27 de janeiro de 1932).

[13] Alfred Rosenberg, *Der Mythus des 20: Jahrhunderts* (Munique, Hoheneichen, 1937), p. 102 e 214; Adolf Hitler, cit., p. 1773 (de 8 de novembro de 1941).

[14] Idem, *Reden und Proklamationen 1932-1945*, cit., p. 1937, 1920 e 1828-29 (de 8 de novembro, 30 de setembro e 30 de janeiro de 1942).

revolta contra a raça dos senhores e contra a civilização enquanto tal. A pesquisa sobre as origens dessa palavra-chave, que cumpre um papel tão central e nefasto na teoria e na prática do Terceiro Reich, nos reserva uma surpresa: *Untermensch* é sobretudo a tradução do "estadunidense" *Under Man*! Quem o reconhece e destaca, em 1930, é Rosenberg, que expressa sua admiração pelo autor estadunidense Lothrop Stoddard: cabe a ele o mérito de ter sido o primeiro a cunhar o termo em questão, que aparece no subtítulo (*The Menace of the Under Man*) de um livro publicado em Nova York, em 1922, e de sua versão alemã (*Die Drohung des Untermenschen*), publicada em Munique três anos depois[15]. Ao reconhecimento tributado por um dos teóricos pioneiros do movimento nazista, associa-se, em 1933, um ideólogo menor, que, ao indagar os "fundamentos" da *Rassenforschung*, alerta para os perigos inerentes à contraposição entre mundo animal e "humanidade". Nesta última categoria, arrisca-se incluir, de modo indiferenciado, duas realidades muito distintas entre si: o "homem nórdico" e o *Untermensch* inicialmente abordado, com expressão "apropriada", por Stoddard[16].

Quanto ao significado do termo, o autor estadunidense esclarece que o cunhou para designar "todos aqueles tristes resíduos que toda espécie viva excreta", a massa dos elementos "inferiores", "dos descapacitados e incapazes", dos "selvagens e bárbaros", normalmente prenhes de ressentimento e de ódio àquelas personalidades "superiores", que já se revelam "irrecuperáveis" e estão prontos para declarar "guerra à civilização". É essa ameaça terrível, de caráter social e étnico, que é preciso afastar "se quisermos salvar nossa civilização do declínio e a nossa raça da decadência"[17].

Falei em "surpresa" a propósito do resultado da pesquisa de uma palavra-chave decisiva da ideologia nazista. Mas é totalmente justificável esse sentimento? Se pensarmos no "esporte popular" da aniquilação dos peles-vermelhas e no espetáculo de massas do linchamento e da agonia cruel e interminável infligida aos negros considerados rebeldes ou pouco respeitosos à raça superior, certamente não surpreenderá que, nesse contexto, tenha surgido o termo que

---

[15] Alfred Rosenberg, *Der Mythus des 20,* cit., p. 214; Lothrop Stoddard, *The Revolt against Civilization: the Menace of the Under Man* (Nova York, Scribner, 1984); Idem, *Der Kulturumsturz. Die Drohung des Untermenschen* (trad. al. Wilhelm Heise, Munique, Lehmanns, 1925).

[16] Hermann Gauch "Neue Grundlagen der Rassenforschung" em Leon Poliakov e Joseph Wulf (org.), *Das dritte Reich und seine Denker* (Munique, Saur, 1978), p. 409.

[17] Lothrop Stoddard, *The Revolt against Civilization,* cit., p. 22-4 e 86-7.

consagra a destruição do gênero humano e conforta a consciência dos responsáveis por tais infâmias.

Nos Estados Unidos da *white supremacy*, o programa de reafirmação das hierarquias raciais está estreitamente ligado ao projeto eugenista. Trata-se, em primeiro lugar, de encorajar a procriação dos melhores e desencorajar a dos piores, de modo a afastar o perigo de *"race suicide"*. Cunhada em 1901 pelo sociólogo estadunidense Edward Alsworth Ross[18], essa expressão se difunde no mundo político e na opinião pública sobretudo a partir de Theodore Roosevelt. Nele, a evocação do espectro do *"race suicide"* e da *"race humiliation"* acontece *pari passu* com a denúncia da "queda da natalidade entre as raças superiores" ou "no âmbito da antiga estirpe dos nativos estadunidenses": obviamente, a referência aqui não é aos "selvagens" peles-vermelhas, mas aos *Wasp, White Anglo-Saxon Protestants*, à primeira onda migratória que, no plano cultural, religioso e racial, expressava a branca civilização estadunidense em toda sua pureza[19].

Tal discurso suscita simpatia na cultura e na imprensa de língua alemã. Ocupando-se da difusão da eugenia nos Estados Unidos, em 1913, o vice-cônsul do Império Austro-Húngaro em Chicago observa: "A fertilidade reduzida dos ianques é considerada uma desgraça nacional e a expressão utilizada por Roosevelt 'suicídio racial' (*Rassenselbstmord*), que se tornou uma palavra de ordem, exprime perfeitamente a angústia pelo predomínio das camadas de baixo valor da população"[20].

Alguns anos depois, Spengler, também se referindo de maneira explícita ao estadista estadunidense, aponta o "suicídio racial" (*Rassenselbstmord*) a atingir os brancos como um dos sintomas mais inquietantes da "decadência do Ocidente" que se delineia no horizonte[21]. Com linguagem ligeiramente diferente, Hitler alerta contra o *Volkstod* – a "morte do povo" ou da raça – ou contra "a dizimação e a degradação" da população alemã[22]. Como se percebe, também nesse caso a pesquisa histórico-linguística conduz a resultados inesperados.

---

[18] Stefan Kühl, *The Nazi Connection: Eugenics, American Racism and German National Socialism* (Nova York-Oxford, Oxford University Press, 1994), p. 16.

[19] Theodore Roosevelt, *The Letters, v.1 e 2* (Cambridge, Harvard University Press, 1951), p. 487, 647 e 1113, p. 1053.

[20] Geza von Hoffmann, *Die Rassenhygiene in den Vereinigten Staaten von Nordamerika* (Munique, Lehmanns, 1913), p. 15.

[21] Oswald Spengler, *Der Untergang des Abendlandes* (Munique, Beck, 1980), p. 683.

[22] Adolf Hitler, *Reden und Proklamationen 1932-1945*, cit., p. 1422 (de 23 de novembro de 1939).

Mas voltemos aos Estados Unidos da *white supremacy* e ao autor particularmente caro a Rosenberg. A luta sem fronteiras contra o *Under Man* é inserida por Stoddard no âmbito de um programa eugenista e racial de maior alcance: é preciso "limpar a raça de suas piores impurezas" (*to cleanse the race of its worst impurities*)[23], impõe-se uma política completa de "limpeza racial" (*race cleansing*), de "purificação racial" (*race purification*). É preciso aplicar de modo sistemático as descobertas de Francis Galton, "a ciência da eugenia ou da 'melhoria racial'" (*the science of "eugenics" or "race betterment"*)[24]. Na tradução alemã, estes dois últimos termos se tornam os principais, desde o início da análise, "*Erbgesundheitslehre und Pflege*".

Eis aqui outra palavra-chave do discurso ideológico nazista, utilizada sobretudo como sinônimo de *Rassenhygiene*. Convém refletir também acerca da história deste último termo, que tem sua primeira aparição no final do século XIX. Alfred Ploetz é quem o utiliza, o qual, para este propósito, se volta aos estudos conduzidos pelo "famoso pesquisador da hereditariedade Francis Galton"[25] e se aproveita de sua presença nos Estados Unidos – onde a nova ciência celebra seus máximos resultados, também porque aqui, observa Ploetz, os "arianos" estão empenhados numa luta contra "indígenas, negros e mulatos" e os "ianques mais clarividentes" se preocupam em evitar que os novos imigrantes, graças à sua maior fertilidade, dominem a branca estirpe originária[26].

Alguns anos mais tarde, vem à luz em Munique um livro que, já no título, aponta os Estados Unidos como modelo de "higiene racial". O autor, o vice-cônsul que já conhecemos, enaltece os Estados Unidos pela "lucidez" e pela "pura razão prática" que demonstram ao enfrentar, com a devida energia, um problema tão importante quanto frequentemente suprimido: a higiene racial é promovida em favor do "crescimento daqueles racialmente mais dotados" (*Rassentüchtigste*), desencorajando a procriação dos "menos válidos" (*Minderwertige*) e realizando uma acurada "seleção dos imigrantes", de modo a descartar não somente os indivíduos indesejados mas também "raças inteiras"[27]. A higiene

---

[23] Lothrop Stoddard, *The Revolt against Civilization*, cit., p. 249.
[24] Ibidem, p. 42.
[25] Alfred Ploetz, *Grundlinien einer Rassen-Hygiene: I Theil: Die Tüchtigkeit unser Rasse und der Schutz der Schwachen* (Berlim, Fischer, 1895), p. 3 e 215.
[26] Ibidem, p. 77-9.
[27] Geza von Hoffmann, *Die Rassenhygiene in den Vereinigten Staaten von Nordamerika*, cit., p. 9, 17, 111 e 14.

racial é posta em prática também num nível posterior: vige a "proibição dos matrimônios mistos" e da "mistura (*Vermischung*) extraconjugal entre a raça branca e a negra"; violar tais leis pode implicar até mesmo dez anos de reclusão e não só os protagonistas mas também os cúmplices podem ser condenados. Mas, para além da norma jurídica, não se pode perder de vista o peso da tradição: "A pureza racial é desejada de modo quase inconsciente, e uma mistura com sangue negro ou asiático é considerada um crime, uma vergonha (*Schande*)"[28]. Somos reconduzidos ao coração da ideologia e da linguagem nazista, com o surgimento da dicotomia: *Rassereinheit* contra *Rassenmischung* e *Rassenschande* (ou *Blutschande*).

Naturalmente, a relação que estamos analisando não tem um sentido único. Stoddard estudou na Alemanha, foi profundamente influenciado por Nietzsche, cunhou o termo *Under Man* em contraposição ao *Übermensch* celebrado pelo filósofo alemão[29]; ao expressar todo seu nojo em relação ao *Under Man* (consumido pela inveja das personalidades superiores), é provável que tivesse em mente a figura do *Schlechtweggekommenen* ou do *Missrathenen*, do "malsucedido", acerca do qual Nietzsche não se cansa de derramar seu desprezo.

O fato é que, muito antes do advento do Terceiro Reich, os Estados Unidos da *white supremacy* são um modelo para aqueles que almejam a adoção, também na Alemanha e no Império Austro-Húngaro, de uma política racial e eugênica. Passemos outra vez a palavra ao vice-cônsul de Chicago: "Em nenhum lugar se fala e se escreve tanto sobre raça e superioridade ou inferioridade racial quanto nos Estados Unidos". Sim: "O sonho de Galton, para quem a higiene racial se tornaria a religião do futuro, começa a se tornar realidade na América. Ela conquista o 'Novo Mundo' em marcha triunfal; até agora, nenhuma doutrina pode se vangloriar de algo semelhante". A difusão impetuosa da higiene racial tende a produzir resultados que vão muito além dos Estados Unidos. Estamos diante de um movimento de extraordinária importância, que tem como objetivo e está conseguindo "criar uma raça nova, ideal, capaz de dominar o mundo". A Europa não deve ficar de fora: "As aspirações da América de enobrecer a raça são, em si e por si, dignas de serem imitadas"[30].

---

[28] Ibidem, p. 67-8 e 17.
[29] Domenico Losurdo, *Nietzsche, il ribelle aristocratico: biografia intellettuale e bilancio critico* (Turim, Bollati Boringhieri, 2002), ver cap. 27.
[30] Geza von Hoffmann, *Die Rassenhygiene in den Vereinigten Staaten von Nordamerika*, cit., p. 114, 14 e 125.

Mais tarde, em 1923, um médico alemão, Fritz Lenz, lamenta o fato de que, em relação à "higiene racial", a Alemanha está muito aquém dos Estados Unidos[31]. Mesmo depois da conquista do poder pelo nazismo, os ideólogos e "cientistas" da raça continuam reiterando: "A Alemanha também tem muito que aprender com as medidas dos norte-americanos: eles sabem o que estão fazendo"[32].

A CONTRARREVOLUÇÃO RACISTA DOS ESTADOS UNIDOS À ALEMANHA

Não se trata aqui de ceder a um "antiamericanismo" barato, segundo a acusação tipicamente dirigida àqueles que hesitam em se curvar diante da imagem sagrada dos Estados Unidos como templo da liberdade. Ao contrário, destacar a influência exercida pela reação estadunidense sobre a reação alemã e europeia significa ao mesmo tempo chamar a atenção para uma grande revolução, majoritariamente esquecida, que se desenvolve nos Estados Unidos. O fim da Guerra de Secessão traz não apenas a abolição do instituto da escravidão mas o advento, mesmo nas difíceis condições de um Estado de exceção que não parece desaparecer, de uma democracia multiétnica: para manter o controle sobre o Sul, onde os ex-proprietários de escravos continuam revelando-se indisciplinados e rebeldes, a União e suas tropas precisam da colaboração dos negros, que, agora, por usufruírem de direitos políticos e civis, podem desenvolver um papel importante no momento das eleições, acessar os organismos representativos e eventualmente exercer funções dirigentes. Esse período (o da assim chamada *Reconstruction*), o mais feliz na história dos afro-estadunidenses, tem duração breve, concluindo-se em 1877. Em troca do reconhecimento da intangibilidade da unidade nacional e da aceitação da política de protecionismo industrial a favor do Norte, os ex-proprietários de escravos do Sul agitam a bandeira do controle político e militar, até aquele momento exercido pelo governo federal, e reconquistam o autogoverno. O resultado é que, além dos direitos políticos, o negros perdem, em grande medida, os direitos civis, por meio de uma legislação que sanciona a segregação racial nas escolas, nos locais públicos, nos transportes, nos elevadores; monopolizada pelos brancos, a Justiça

---

[31] Robert Jay Lifton, *Ärzte im Dritten Reich* (trad. al. Annegrete Lösch, Stuttgart, Klett-Cotta, 1988), p. 29.

[32] Hans Friedrich Karl Günther, *Rassenkunde des deutschen Volkes* (Munique, Lehmanns, 1934), p. 465.

tolera sem problemas não somente a revogação da emancipação mas também o linchamento dos negros, organizado pelos grupos racistas da Ku Klux Klan como espetáculo pedagógico de massa em defesa e celebração do regime da *white supremacy*. A segunda revolução estadunidense, que se desenvolve entre a Guerra de Secessão e a *Reconstruction*, a revolução abolicionista, sofre uma desastrosa derrota, que se manifesta também no plano ideológico: a ideia de igualdade racial é objeto de chacota e difunde-se a desumanização dos negros, assimilados a selvagens incorrigíveis ou a verdadeiras bestas.

Muito mais que a derrota da revolução europeia de 1848, na qual Lukács insiste, a falência da revolução abolicionista estadunidense exerce uma profunda influência na reação internacional, que resulta no fascismo e no nazismo. As testemunhas mais lúcidas da época já se revelavam conscientes da transformação que então se observou. Visitando os Estados Unidos no final do século XIX, Friedrich Ratzel, um dos grandes teóricos da geopolítica, traça um quadro bastante significativo: dispersos os sinais da ideologia vinculada ao princípio da "igualdade", impõe-se a realidade da "aristocracia racial". Não se trata apenas do fato de que os negros estão privados, ou novamente privados, de gozar dos direitos políticos. Quem quiser pode manter-se de olhos fechados, mas mesmo assim a "*color line*" cinde tão profundamente a sociedade estadunidense que atravessa "até mesmo os institutos para cegos". Também aqui a segregação reina soberana, assim como na sociedade de conjunto. Vetados pela lei de forma rotineira e explícita, os matrimônios inter-raciais são muito enfaticamente desencorajados, pelo fato de que os "mulatos" (*Mischlinge*) são contados entre os negros e sofrem toda a dureza da condição própria destes últimos. Excluídos das "grandes associações nacionais" (inclusive dos sindicatos), os afro-estadunidenses são isolados por um cordão sanitário. Os "idealistas" ou os "fanáticos da instrução" esperavam pelos efeitos benéficos da "cultura" e da educação: verificou-se, no entanto, que "as famílias negras instruídas" sofriam uma discriminação ainda mais acentuada, aquela reservada aos membros mais perigosos da raça inferior. Para que serviu o abolicionismo? Entre brancos e negros, "as relações sociais estão mais limitadas que à época da escravidão". Por outro lado, mesmo no plano jurídico, eles continuam a ser submetidos a duas legislações distintas ou a uma legislação interpretada de modo muito diferente a depender da raça de pertencimento, como confirmam posteriormente os linchamentos reservados aos negros e "a deportação e o aniquilamento dos indígenas". Deve-se acrescentar que as sanções do regime da supremacia branca acometem também os imigrantes provenientes do Oriente, o último, em ordem temporal, dos "três grupos dos 'povos de cor'"[33].

É preciso reconhecer: o projeto de construção de uma sociedade fundada no princípio da igualdade racial fracassou miseravelmente. A situação criada nos Estados Unidos "evita a forma da escravidão, mas mantém a essência da subordinação, da hierarquização social com base na raça", continua a admitir o princípio da "aristocracia racial". A conclusão que se impõe é que "a experiência ensinou a reconhecer as diferenças raciais"; estas se revelam bem mais duradouras que a "abolição da escravidão, que um dia aparecerá apenas como um episódio e um experimento". Verifica-se uma "transformação" em relação às ilusões caras aos abolicionistas e aos adeptos da ideia de igualdade. Tudo isso – observa Ratzel com lucidez – terá efeitos sensíveis muito além dos Estados Unidos: "Estamos apenas no início das consequências que essa transformação provocará na Europa, ainda mais que na Ásia"[34].

Mais tarde, o vice-cônsul austro-húngaro em Chicago também chama a atenção para a contrarrevolução em curso na república estadunidense e para seu caráter benéfico e instrutivo. Apesar da "guerra civil pela libertação dos escravos", não só continua vigente a "proibição da mistura racial" como sua legitimidade foi sancionada pela Suprema Corte. A isso se soma a exclusão dos negros do direito ao voto e a sua segregação nas igrejas, nas escolas, nos transportes públicos etc. Também "neste país 'livre'", normalmente indicado como modelo de liberdade, "a doutrina dos direitos naturais" já foi esquecida. Nesse ponto, a Europa se revela bastante atrasada: aqui, o negro proveniente das colônias é acolhido na sociedade como uma "iguaria": que diferença em relação ao comportamento do "estadunidense orgulhoso da pureza de sua raça", que evita o contato com os não brancos, entre os quais inclui mesmo aqueles que tenham "uma só gota de sangue negro"! Pois bem, "se os Estados Unidos podem ser de alguma maneira um mestre para a Europa, é na questão negra" e racial[35].

---

[33] Friedrich Ratzel, *Politische Geographie der Vereinigten Staaten von Amerika unter besonderer Berücksichtigung der natürlichen Bedingungen und wirtschaftlichen Verhältnisse* (Munique, Oldenburg, 1893), p. 282-3 e 180-1.

[34] Ibidem, p. 179-182 e 283.

[35] Geza von Hoffmann, *Die Rassenhygiene in den Vereinigten Staaten von Nordamerika*, cit., p. 46 e 67-8.

A "LEI DE FERRO DA DESIGUALDADE"

Alguns anos mais tarde, em 1926, na Alemanha, Leopold Ziegler reitera que "a fanfarra de uma América socialmente revolucionária pelo alto" após o reconhecimento teórico e a aplicação prática da "lei de ferro da desigualdade" – não somente entre os indivíduos mas antes e mais ainda entre as raças – é uma música irresistível, destinada a encontrar ouvidos atentos e simpáticos do outro lado do Atlântico[36]. Poucos anos mais tarde, depois de observar que, longe de ser um intelectual isolado, Stoddard é considerado uma autoridade a ponto de inspirar uma legislação em defesa da "pureza racial", o teórico nazista da raça que já citamos, ao reportar e assinar aquela afirmação, lamenta a demora acumulada nesse terreno na Alemanha e conclui: por sorte, os alemães também começam a prestar a devida atenção à "lei de ferro da desigualdade" entre as raças e os indivíduos, acerca da qual Stoddard teve o mérito de alertar[37].

Nesse ponto, convém determo-nos um pouco mais extensamente sobre o autor estadunidense, que goza de tamanha popularidade tanto em seu país quanto na Alemanha. Ele não se limita a enunciar, já no título de um capítulo (*The iron law of inequality* [*A lei de ferro da desigualdade*]) de seu quiçá mais célebre livro, mas também ilustra as catástrofes provocadas pelo desrespeito a essa lei. No que se refere ao continente americano, o pensamento vai direto a Santo Domingo (que os escravos negros vitoriosos rebatizam de Haiti): "foi aqui – declara Stoddard – que se produziu o primeiro embate verdadeiro entre a doutrina da supremacia branca e a da igualdade das raças, prólogo do grande drama de nossos dias"[38]. Uma linha de continuidade conduz do horror sanguinário da emancipação e da chegada ao poder pelos escravos negros de Santo Domingo-Haiti, inebriados e fanatizados pela ideia de igualdade surgida na Revolução Francesa, à catástrofe da participação dos afro-estadunidenses no poder no período da Reconstrução – e daqui à queda definitiva da civilização que parece delinear-se no horizonte com o primeiro conflito mundial e com a Revolução de Outubro, que se dedica a estimular no mundo inteiro a revolta dos povos coloniais. A história que se desenvolve entre 1914 e 1917 é lida pelo autor estadunidense como a "Guerra de Secessão dos brancos" e a "guerra civil branca"

---

[36] Leopold Ziegler, "Amerikanismus", *Weltwirtschaftliches Archiv*, 1926, p. 77.
[37] Hans Friedrich Karl Günther, *Rassenkunde des deutschen Volkes*, cit., p. 465.
[38] Lothrop Stoddard, *The Rising Tide of Color against White World-Supremacy* (Westport Connecticut, Negro University Press, 1971), p. 227.

em escala planetária, ou como a "nova Guerra do Peloponeso" da "civilização branca"[39]. Trata-se de um conflito fratricida que, destruindo a "solidariedade branca" e dilacerando, antes de tudo, a Europa, "o país dos brancos, o coração do mundo branco", representa o "suicídio da raça branca". Assim como a Guerra de Secessão propriamente dita significou o alistamento dos negros nas fileiras da União e sua sucessiva emancipação, o primeiro conflito mundial comportou uma massiva utilização de tropas de cor pela Entente, desembocando na Revolução de Outubro e no apelo que esta lançou ao mundo colonial. Empenhado em construir uma aliança global com os escravos ou semiescravos rebelados contra o Ocidente e os brancos, e estimulando a "maré montante dos povos de cor", o bolchevismo deve ser considerado "o renegado, o traidor no interior de nosso campo, pronto para vender a cidadela", um "inimigo mortal da civilização e da raça"[40]. Se em Santo Domingo-Haiti e nos Estados Unidos da Reconstrução assumia um caráter geograficamente limitado, agora a luta pela *white supremacy* e pela sobrevivência da civilização assumiu uma dimensão planetária.

Bastante semelhante é o balanço traçado em 1933 por Spengler, que se refere explicitamente a Stoddard[41]. A derrota da raça branca lamentada por estes se configura agora como a derrota do Ocidente, cujo "respeito por parte dos povos de cor falhou"[42]. Reitera-se a acusação contra o bolchevismo. Com a ascensão ao poder dessa "renegada" da raça branca, como diz o teórico estadunidense da *white supremacy* e observa por sua vez o autor de *A decadência do Ocidente*[43], a Rússia joga fora a "máscara branca" para se tornar "novamente uma grande potência asiática, 'mongol'", já parte integrante "da totalidade da população de cor da Terra", movida pelo "ódio ardente contra a Europa" e contra a "humanidade branca"[44].

Assim como Stoddard, Spengler também se dedica à reconstrução histórica dessa parábola nociva: ela começa com a ajuda da Inglaterra, na sua luta contra os colonos rebeldes, aos peles-vermelhas; conhece uma assustadora aceleração

---

[39] Ibidem, p. 6-7 e 172; Domenico Losurdo, *Kamps um die Geschichte*, cit., ver cap. 4.
[40] Lothrop Stoddard, *The Rising Tide of Color against White World-Supremacy*, cit., p. 6-7, 179, 196 e 219-21.
[41] Oswald Spengler, *Jahre der Entscheidung* (Munique, Beck, 1933), p. 153.
[42] Ibidem, p. 151.
[43] Oswald Spengler, A decadência do Ocidente: esboço de uma morfologia da história universal (São Paulo, Método, 2014).
[44] Ibidem, p. 150.

com a aliança dos jacobinos franceses com os negros do Haiti em nome dos "direitos do homem"; prossegue com a convocação da Entente às tropas de cor[45]; e, por fim, culmina no horror da Revolução de Outubro.

Do Ocidente e da humanidade branca, claramente, a América Latina não faz parte, pois foi onde se consumou aquela mistura racial que a classe e a raça dominante nos Estados Unidos souberam felizmente evitar. Sim – lamenta Stoddard –, na parte central e meridional do continente, "o predomínio branco não passa de uma coisa do passado"[46]. A revolução teve aqui um êxito catastrófico. Ao desencadeá-la, seus protagonistas pensavam em se limitar a destituir a Espanha, mantendo de pé, todavia, o regime da "supremacia branca". Na realidade, para alcançar a vitória, eles tiveram que incitar a "multidão bastarda contra a aristocracia branca" e proclamar "a doutrina da igualdade sem distinções de cor". Verificou-se assim o advento ao poder dos *caudillos*, que procederam com a emancipação dos escravos e se comportaram como os "apóstolos da igualdade e da mistura das raças". O resultado é uma "completa desarianização", de modo que "o nível civilizacional na América Latina caiu muito abaixo daquilo que era antes da independência"; agora nos encontramos numa situação "bastante próxima àquela da África" negra[47]. Em suma: "Essa é a situação na América, onde reinam as raças bastardas: revoluções que geraram revoluções, tiranias que geraram novas tiranias, umas entrelaçando-se com as outras para arruinar suas vítimas e precipitá-las cada vez mais no pântano de uma barbárie degenerada"[48].

Também para Spengler a revolução na América Latina é um capítulo da história da decadência do Ocidente e da raça branca. A guerra de independência começa como "uma luta exclusivamente entre brancos". O próprio Bolívar, "um branco puro-sangue", e os outros protagonistas da revolta contra a Espanha não pensavam em questionar o domínio da "oligarquia branca"; contudo, acabou prevalecendo o "jacobinismo", com seu princípio da "igualdade universal, inclusive entre as raças". O resultado é que "os *'caudillos'*, demagogos belicosos provenientes da população de cor, dominam a política". Não faltam os "oficiais", que são "indígenas puros-sangues" e que não hesitam em se aliar com o "proletariado mestiço das cidades"[49].

---

[45] Idem.
[46] Lothrop Stoddard, *The Rising Tide of Color against White World-Supremacy*, cit., p. 115-6.
[47] Ibidem, p. 109-10 e 141-2.
[48] Ibidem, p. 123.
[49] Oswald Spengler, *Jahre der Entscheidung*, cit., p. 155.

Tanto em Stoddard como em Spengler, além dos povos coloniais propriamente ditos e da Rússia bolchevique a eles aliada e deles já parte integrante, no âmbito do Ocidente propriamente dito, o elo fraco é representado pela França: "a raça francesa" – observa o autor estadunidense – "nunca se recompôs totalmente" das graves "feridas" infligidas pela Revolução. Quem saiu sangrando dela foi a raça branca de conjunto: produto da Revolução que eclodiu em 1789, o Haiti conheceu, com a ascensão dos negros ao poder, "um enorme colapso, ao nível da selva da Guiné ou do Congo". Não por acaso, é um dos poucos lugares ruinosamente subtraídos ao "domínio branco"[50]. Além disso, existe uma linha de continuidade entre a Revolução Francesa e a "guerra racial" desenvolvida no Haiti até o outubro bolchevique, que fornece novo e mais poderoso alimento para a revolta dos povos coloniais e de cor: "A 'sucessão apostólica' da revolta permaneceu intacta. Marat e Robespierre foram reencarnados em nossos dias em Trótski e Lênin"[51].

Sobre este ponto, Spengler é mais drástico. A seu ver, a França é o país que, mais que qualquer outro, recorreu às tropas de cor no decorrer da Primeira Guerra Mundial e que infelizmente continua nessa política de traição racial. Sim, concedendo a cidadania aos negros nas colônias, alistando-os em seu exército e familiarizando-os com a moderna técnica e arte da guerra, concentrando "uma massa enorme e crescente de soldados de cor" e um "exército de milhões de negros", a república do outro lado do Reno não pode mais ser considerada membro da comunidade branca e ocidental. É preciso considerar a ameaça à civilização representada pela "França euro-africana", aliás, pela "França negra"[52]. Lamentavelmente, "ao contrário do alemão, o sentimento francês de raça não se rebela contra a equiparação com os negros", publicamente saudados "como '*frères de couleur*', irmãos de cor"; justamente por isso, "na França não há qualquer repúdio aos matrimônios mistos"[53].

Além disso, já em 1919, Arthur Moeller van den Bruck, um dos profetas do Terceiro Reich, tachara peremptoriamente o "sacrilégio racial" consumado

---

[50] Lothrop Stoddard, *The Rising Tide of Color against White World-Supremacy*, cit., p. 141-42 e 3-4.

[51] Idem, *The Revolt against Civilization*, cit., p. 146; Idem, *The Rising Tide of Color against White World-Supremacy*, cit., p. 227.

[52] Oswald Spengler, *Frankreich und Europa* (Munique, Beck, 1937), p. 84-5 e 88; Idem, *Jahre der Entscheidung*, cit., p. 164; Idem, *Politische Schriften* (Munique, Volksausgabe, Beck, 1933), p. 166 e 290-1.

[53] Idem, *Frankreich und Europa*, cit., p. 84.

com o uso das tropas de cor, pela França, que assim "se torna uma África" geograficamente inserida na Europa. Dessa forma, "Estrasburgo nas mãos francesas será sempre percebida pelos alemães como uma mulher branca nas mãos de um homem de cor"[54].

Construção do Estado racial e modelo estadunidense

Essa configuração do quadro internacional não sofre mudanças relevantes no contexto do nazismo. Depois de afirmar que "a fusão das raças superiores com aquelas inferiores" traz consigo consequências desastrosas, *Mein Kampf* [Minha luta] prossegue da seguinte maneira:

> A experiência histórica nos fornece a esse respeito inúmeros exemplos. Mostra com assustadora clareza que a mistura do sangue ariano com o dos povos inferiores resulta no fim do povo portador da civilização. A América do Norte, cuja população é constituída por uma enorme maioria de elementos germânicos, os quais muito raramente se misturaram com povos inferiores e de cor, mostra uma humanidade e uma civilização muito distinta daquelas da América Central e do Sul, onde os imigrantes, em grande parte latinos, se fundiram com os habitantes originais. Basta apenas este exemplo para captar de modo claro e peculiar o efeito da mistura racial. Os alemães do continente americano, que permaneceram racialmente puros e incontaminados, tornaram-se os seus senhores e permanecerão assim até o momento em que eles mesmos sejam vítimas de um insulto ao sangue (*Blutschande*).[55]

Nesse ponto decisivo para o destino da civilização, a Alemanha permaneceu lamentavelmente atrasada: continua a conceder a cidadania descuidadamente, sem atentar nem para a "raça" nem para a "saúde física" do imigrante. Uma vez mais, a república estadunidense se impõe como modelo:

> No atual momento, há somente um Estado em que ao menos emergem vagos sinais de uma melhor concepção. Naturalmente, não se trata de nossa exemplar República Alemã, mas sim da União americana, na qual existe a preocupação de se afirmar novamente, ao menos em parte, a razão. Negando por princípio a imigração a elementos com saúde precária e excluindo com rigor determinadas

---

[54] Arthur Moeller van den Bruck, *Das Recht der jungen Völker* (Munique, Piper, 1919), p. 83.
[55] Adolf Hitler, *Mein Kampf*, cit., p. 313-4.

raças do acesso à cidadania, a União americana professa já, mesmo que nos seus primeiros passos, uma concepção que é própria do conceito *völkisch* de Estado.[56]

Os Estados Unidos prenunciam aquela distinção entre "cidadãos" (*Staatsbürger*) "residentes" (*Staatsangehörige*) e "estrangeiros" (*Ausländer*), que depois será sancionada pelas Leis de Nuremberg. Mas, já antes da conquista do poder, Hitler destaca que não poderá tornar-se cidadão alemão "o negro" e nem mesmo "o judeu ou o polaco, o africano, o asiático"[57].

Se do outro lado do Atlântico é a América Latina, na Europa é a França que encarna o horror da mistura e do abastardamento racial:

> Não somente completa seu Exército recrutando cada vez mais as reservas humanas de cor de seu imenso império mas também no plano racial faz tão rápido progresso no seu "enegrecimento" (*Vernegerung*) que se pode com efeito falar da emergência de um Estado africano em solo europeu. A política colonial da França contemporânea não pode ser comparada com aquela da Alemanha do passado. Se a evolução da França prosseguir no atual rumo por mais trezentos anos, os últimos remanescentes do sangue dos francos desapareceriam no Estado mulato euro-africano, formando, assim, um poderoso e compacto território de colonização do Reno ao Congo, habitado por uma raça inferior lentamente constituída a partir de um duradouro processo de abastardamento.[58]

A França segue uma política colonial muito distinta daquela dos povos germânicos (alemães, ingleses e estadunidenses), que via de regra tentaram manter sua pureza. Ao contrário, Paris sacrificou completamente a obrigação da solidariedade branca às suas ambições revanchistas e hegemônicas: "O chauvinismo nacional francês se distanciou tanto do ponto de vista racial (*völkisch*) que, na tentativa de satisfazer seu puro desejo de poder, enegreceu o seu sangue, a fim de proteger no plano quantitativo o seu caráter de '*grande nation*'"[59].

O resultado é um "enegrecimento geral" (*allgemeine Verniggerung*)[60]. A contraposição que vimos entre os germânicos incontaminados da América

---

[56] Ibidem, p. 490.
[57] Ibidem, p. 487-91.
[58] Ibidem, p. 730.
[59] Idem, *Hitlers zweites Buch*, cit., 1961, p. 152.
[60] Ibidem, p. 152.

do Norte e os latinos abastardados da América Central e do Sul se reapresenta agora, no continente europeu, na antítese entre Alemanha e França. Na Europa, não é só a Rússia soviética a se revelar como inimigo jurado da civilização e da raça branca.

Imediatamente após a conquista do poder, Hitler tem o cuidado de distinguir com clareza, inclusive no plano jurídico, a posição dos arianos comparada àquela dos judeus, assim como dos ciganos e dos poucos mulatos existentes na Alemanha (ao fim da Primeira Guerra Mundial, tropas não brancas que seguiam o Exército francês participaram da ocupação do país). Ou seja, é elemento central do programa nazista a construção de um Estado racial. Pois bem, quais eram, naquele momento, os possíveis modelos de Estado racial? A legislação segregacionista em vigor na África do Sul fora largamente inspirada pelo regime da *white supremacy*, implementado no Sul dos Estados Unidos após o fim da Reconstrução[61]. Em última análise, somente um modelo está em ação, e sua influência sobre o nazismo não pode ser ignorada.

Em 1937, Rosenberg certamente se refere à África do Sul: é bom que permaneça firme "em mão nórdica" e branca (graças a oportunas "leis" não só contra os "índios" mas também contra os "negros, mulatos e judeus") e que constitua um "sólido bastião" contra o perigo representado pelo "despertar negro". Mas o ponto de referência principal são os Estados Unidos, esse "esplêndido país do futuro" que teve o mérito de formular a feliz "nova ideia de um Estado racial", ideia que agora se trata de pôr em prática "com força juvenil", mediante a expulsão e a deportação de "negros e amarelos"[62]. Obviamente, na Alemanha são, em primeiro lugar, os alemães de origem judia a ocupar o lugar dos afro-estadunidenses: "a questão negra" – observa Rosenberg – "nos Estados Unidos está no vértice de todas as questões decisivas"; uma vez que o absurdo princípio da igualdade tenha sido cancelado para os negros, não se vê motivo para que não sejam impostas "as necessárias consequências também para os amarelos e os judeus"[63].

Do lado oposto, é ilimitado o ódio pela Rússia bolchevique e também pela França, acusada desde a expulsão dos huguenotes e, sobretudo, depois de 1789.

---

[61] Thomas J. Noer, *Briton, Boer, and Yankee: the United States and South Africa 1870-1914* (Kent, The Kent State University Press, 1978), p. 106-7, 115 e 125.
[62] Alfred Rosenberg, *Der Mythus des 20*, cit., p. 666 e 673.
[63] Ibidem, p. 668-9. Ibidem, p. 102-4. Adolf Hitler, *Mein Kampf*, cit., p. 154. Ibidem, p. 153-4.

A Revolução é lida como *"rassengeschichtlich"*, isto é, enquanto um capítulo crucial da história da luta entre as raças:

> Assim como, durante o bolchevismo na Rússia, o sub-humano tártaro (*der tatarisierte Untermesch*) assassinou aqueles que, em função da alta estatura e da marcha altiva, eram suspeitos de ser senhores, o jacobino negro levou à forca todos aqueles que eram esbeltos e loiros. [...] Hoje, chega ao fim o exaurimento do último sangue que ainda tem valor. No Sul, regiões inteiras são despovoadas e agora já absorvem os homens da África, como fez Roma. Toulon e Marselha enviam ao país cada vez mais sementes de abastardamento. Em Paris, em torno da Notre Dame, concentra-se uma população com uma energia desagregadora cada vez mais alta. Negros e mulatos andam de mãos dadas com mulheres brancas, enquanto surge um bairro puramente judeu, com novas sinagogas. Repugnantes e pomposos mestiços contaminam a raça de mulheres ainda belas, atraídas a Paris de toda a França. [...] Por isso, mesmo abstraindo totalmente o aspecto político-militar, uma aproximação com a França seria muito perigosa do ponto de vista da história racial.

A defesa da raça branca e de sua pureza exige medidas duras: "bloqueio da invasão africana e barreiras nas fronteiras em função das características antropológicas". Noutras palavras, é necessário filtrar cuidadosamente o fluxo de imigrantes na Europa, recorrendo – Rosenberg parece sugerir – às medidas lançadas pelos Estados Unidos; impõe-se "uma coalizão nórdico-europeia a fim de limpar a pátria europeia das sementes mórbidas de origem africana e siríaca, que estão se espalhando"[64]. Nessa coalizão, um papel central é desempenhado pela república estadunidense: ela expressa aquela visão *völkisch*, que agora deve tornar-se sistemática e coerente.

ANALOGIAS HISTÓRICAS E AFINIDADES RACIAIS

Em relação aos Estados Unidos, a Alemanha ocasionalmente apresenta uma forte afinidade, evidenciada por uma série de analogias históricas. Em primeiro lugar, a expansão no Velho Oeste traz à memória a epopeia dos cavaleiros teutônicos – uma motivação muito presente em Hitler, que a ela se refere explicitamente. É preciso seguir seus passos a fim de construir um império

---

[64] Alfred Rosenberg, *Der Mythus des 20*, p. 102-4.

territorialmente compacto na Europa centro-oriental[65], levando em conta o modelo estadunidense, do qual *Mein Kampf* celebra a "inaudita força interior"[66]. Na época do Terceiro Reich, um manual de história de grande sucesso se expressa da seguinte maneira a propósito da colonização germânica do leste europeu: "Era um deserto e, graças aos alemães, foi transformado numa área de alta civilização"; trata-se de um empreendimento cuja grandeza é "superada apenas pela colonização dos novos continentes pelos anglo-saxões". Não se trata agora de um remoto capítulo da história: ainda hoje, é fato que "a missão do povo alemão reside em civilizar seus vizinhos orientais"[67].

É irresistível o fascínio exercido pelo impulso expansionista dos brancos estadunidenses. Em 1919, Arthur Moeller van den Bruck celebra o *"Amerikanismus"* ou o *"Amerikanertum"* como sinônimo de "conquista territorial" (*Landnahme*) e "pioneirismo" (*Pioniertum*): é um "grande" e "jovem princípio" que, compreendido corretamente, leva a defender os "povos jovens" e as "jovens raças"[68]. "Americanismo" – reitera alguns anos mais tarde Leopold Ziegler, num ensaio dedicado à análise desses fenômenos desde o título – não somente exprime a "mentalidade das raças colonizadoras" e é sinônimo de "colonização" como também é sinônimo de colonização em larga escala, no "grande espaço", no "poderoso espaço vital". A história dos Estados Unidos é "a história de uma extensão, ampliação, de um crescimento sem precedentes", e ela confirma de maneira clara o princípio da "desigualdade e deformidade de valor entre as diferentes raças" e entre os diferentes indivíduos de uma mesma raça[69]. Em 1928, o próprio Hitler homenageia o "americanismo" (*Amerikanertum*), entendido como a expressão vital de "um povo jovem e racialmente selecionado"[70].

Obviamente, a expansão de que falamos está longe de ser sinônimo de integração e assimilação pacífica de raças tão distintas entre si. Já em Chamberlain é possível ler:

---

[65] Adolf Hitler, *Mein Kampf*, cit., p. 154.
[66] Ibidem, p. 153-4.
[67] Johannes Haller, *Die Epochen der deutschen Geschichte* (Stuttgart, Cotta, 1940), p. 142 e 144.
[68] Arthur Moeller van den Bruck, *Das Recht der jungen Völker*, cit., p. 84, 102 e 39-40.
[69] Leopold Ziegler, "Amerikanismus", cit., p. 69-71, 73 e 77.
[70] Adolf Hitler, *Hitlers zweites Buch*, cit., p. 125.

Desde o início até os dias atuais, vemos os germânicos massacrarem linhagens e povos inteiros ou matá-los lentamente, através de sua completa desmoralização, a fim de abrir espaço para si mesmos. [...] É preciso admitir que, justamente onde eles foram mais cruéis – por exemplo, os anglo-saxões na Inglaterra, a Ordem alemã na Prússia, os franceses e ingleses na América do Norte – surgiu a base mais sólida para aquilo que de mais alto e ético existe".[71]

Atualizando esse discurso, Hitler declara: é enganoso querer realizar "uma germanização do elemento eslavo na Áustria"; não se pode perder de vista que "é possível empreender a germanização do solo, jamais dos homens". Seria ridículo querer transformar "um negro ou um chinês em germânico, apenas porque aprendeu o alemão, está pronto para falar a língua alemã no futuro ou dar o seu voto a um partido político alemão": "tal germanização é, na realidade, uma 'degermanização'", que significaria "o início de um abastardamento" e, assim, de "uma aniquilação do elemento germânico"[72], a "aniquilação justamente das características que, em seu tempo, deram condições ao povo conquistador (*Eroberervolk*) de alcançar a vitória"[73]. Novamente, o líder nazista se refere aos Estados Unidos: eles se preocuparam em fundir em "um povo jovem" os elementos "racialmente iguais" ou afins (os imigrantes europeus e, sobretudo, os nórdicos), e não "homens de sangue estrangeiro e com um sentimento nacional ou um instinto racial bem definido" (em primeiro lugar, negros e amarelos); "a União americana se considera ela mesma um Estado nórdico-germânico, e não mais um desarranjo internacional de povos"[74].

Após a conquista do poder e a eclosão da guerra, o *Führer* reitera seu ponto de vista: a guerra contra os "indígenas" da Europa oriental é comparada à "guerra contra os índios", à luta "contra os índios da América do Norte"; tanto num caso quanto no outro, "será a raça mais forte que triunfará"[75].

Mas a analogia recém-analisada não é a única de que se aproveita a cultura reacionária alemã que desemboca no nazismo. Entre os séculos XIX e XX, a Ku Klux Klan e os teóricos da *white supremacy* tacham os Estados Unidos – surgidos da abolição da escravatura e da massiva onda de imigrantes,

---

[71] Houston Stewart Chamberlain, *Die Grundlagen des neunzehnten Jahrhunderts*, cit., p. 864.
[72] Adolf Hitler, *Mein Kampf*, cit., p. 428.
[73] Ibidem, p. 429.
[74] Idem, *Hitlers zweites Buch*, cit., p. 131-2.
[75] Domenico Losurdo, *Kamps um die Geschichte*, cit., ver cap. 5.

provenientes agora também do Oriente e de países das periferias da Europa – de "civilização bastarda"[76] ou de *cloaca gentium*"[77]. Aos olhos de Hitler, a Viena onde viveu é "a cidade mulata do Oriente e do Ocidente"[78], e a Áustria, um caótico "conglomerado de povos", uma "babilônia de povos" ou um "reino babilônico", dilacerado por um "conflito racial"[79] que parece estar se concluindo catastroficamente: avança o processo de eslavização e de "anulação do elemento alemão" (*Entdeutschung*) com o ocaso, portanto, da raça superior que havia colonizado o Oriente e a este levado a civilização[80].

A Alemanha, na qual Hitler aterrissa, conhece, logo após a "Guerra de Secessão dos brancos" (de que fala Stoddard), desarranjos sem precedentes, comparáveis àqueles que se verificam no Sul dos Estados Unidos depois da Guerra de Secessão propriamente dita: não só pela perda de suas colônias, os alemães estão acuados pela ocupação militar das tropas de cor que seguiam as potências vencedoras. Sempre pelo julgamento de *Mein Kampf*, agora a Alemanha também se transformou numa "mistura racial"[81]. A sensação do perigo de uma decadência definitiva da civilização é intensificada pela Revolução de Outubro, que, ao dirigir aos povos coloniais o apelo à rebelião, legitima a infâmia da ocupação militar negra. Se no Sul dos Estados Unidos os abolicionistas são tachados de renegados de sua própria raça, aos olhos de Hitler, os traidores da raça germânica e ocidental são, em primeiro lugar, os sociais-democratas e, em segundo lugar e de forma ainda mais intensa, os comunistas.

Essas "analogias" agem mais fortemente quanto mais se afirma a afinidade racial que liga os germânicos das duas margens do Atlântico. Para evitar mal-entendidos, é bom deixar claro que não somente os alemães salientam essa afinidade. Retornemos ao testemunho do vice-cônsul do Império Austro-Húngaro: "O *Homo Europaeus*, o tipo germânico ou nórdico, encontra na América seus mais numerosos admiradores"[82]. Aliás, veremos no último

---

[76] Nancy MacLean, *Behind the Mask of Chivalry: the Making of the Second Ku Klux Klan* (Nova York-Oxford, Oxford University Press, 1994), p. 133.
[77] Madison Grant, *The Passing of the Great Race or the Racial Basis of European History* (Londres, Bells and Sons, 1917), p. 81.
[78] Adolf Hitler, *Hitlers zweites Buch*, cit., p. 132.
[79] Idem, *Mein Kampf*, cit., p. 74, 79, 39, 80.
[80] Ibidem, p. 82.
[81] Ibidem, p. 439.
[82] Geza von Hoffmann, *Die Rassenhygiene in den Vereinigten von Nordamerika*, cit., p. 114.

parágrafo deste ensaio os defensores da *white supremacy* entoarem um hino à pureza e à unidade dos "povos teutônicos".

O ANTISSEMITISMO NOS ESTADOS UNIDOS, NA RÚSSIA BRANCA E NA ALEMANHA

É verdade que, até o momento, fiz referência limitada a um elemento central da ideologia nazista, o antissemitismo. Mas também a esse respeito é preciso abandonar os lugares-comuns. Trata-se de um flagelo que não pertence somente ao Velho Mundo. Um de seus capítulos decisivos acontece justamente nos Estados Unidos, onde se exacerba a contrarrevolução racista que se segue à fugaz experiência de democracia multirracial. Muito cedo, a Ku Klux Klan manifesta sua tendência a impor a "supremacia branca" aos judeus, como aos negros. O racismo biológico que há séculos prejudica os negros começa a envolver também os judeus, o que representa um assustador salto de qualidade em relação à tradicional judeofobia religiosamente motivada. Por muito tempo, o linchamento atingiu os negros e os grupos étnicos considerados mais ou menos estranhos à raça branca. Mas, em 17 de agosto de 1914, essa prática tirou a vida do judeu Leo Frank, também ele acusado de ter uma sexualidade animalesca, predisposta a recorrer à violência para possuir e rebaixar a seu nível uma mulher de civilização superior. O linchamento ocorre numa sociedade que continua a venerar a memória da Confederação escravista e na qual, ao lado de palavras de ordem que têm como alvo os ex-escravos, começa a ressoar uma nova: "Enforca o judeu, enforca o judeu!"[83]. A Ku Klux Klan é o primeiro movimento no Ocidente a conjugar a agitação antissemita com a violência esquadrista, um fenômeno até aquele momento limitado à Rússia dos tsares.

Por outro lado, o tema da oculta direção judaica do movimento revolucionário que agita o Ocidente se faz muito presente nos teóricos estadunidenses da *white supremacy*. Grant destaca a "liderança semita" do "bolchevismo" e Stoddard define o "regime bolchevique da Rússia soviética" como "amplamente judeu"[84]. Mas, nesse contexto, nossa atenção deve-se concentrar sobretudo na figura de Henry Ford. Logo após o Outubro de 1917, o magnata da indústria

---

[83] Howard Morley Sachar, *A History of the Jews in America* (Nova York, Vintage Books, 1993), p. 301-7.
[84] Madison Grant, "Introduction", em Lothrop Stoddard, *The Rising Tide of Color against White World-Supremacy*, cit., p. 31; Idem, *The Revolt against Civilization*, cit., p. 152.

automobilística se esforça em denunciar a revolução bolchevique como o resultado de um complô judeu e, para isso, funda uma revista de ampla tiragem, o *The Dearborn Independent*. Os artigos nela publicados são compilados em novembro de 1920 em um volume, *O judeu internacional*, que logo se torna um ponto de referência para o antissemitismo internacional. Confirmando a tese do complô, o industrial estadunidense agita os Protocolos dos Sábios de Sião, cuja credibilidade passa a ser reforçada pelo testemunho de uma personalidade que não é um político profissional, mas é reconhecida pela sua inteligência e seu senso prático. De fato, algum tempo depois, Ford é obrigado a silenciar sua campanha, mas nesse meio-tempo o livro foi traduzido na Alemanha, onde obteve extraordinário sucesso. Mais tarde, hierarcas nazistas de primeiro escalão, como von Schirach e Himmler, dirão terem-se inspirado no magnata da indústria automobilística estadunidense e marcam nele um ponto de partida. Himmler, em particular, conta que compreendeu "a periculosidade do judaísmo" somente a partir de Ford: "para os nacional-socialistas foi uma revelação". Posteriormente, seguiu com a leitura dos Protocolos dos Sábios de Sião: "Estes dois livros indicaram o caminho a ser percorrido para que se possa libertar a humanidade, atormentada pelo maior inimigo de todos os tempos, o judeu internacional" (note-se a fórmula cara a Henry Ford). E esses dois livros, ainda segundo Himmler, desenvolveriam um papel "decisivo" (*ausschlaggebend*) também na formação do *Führer*[85]. Poderia tratar-se de declarações parcialmente interessadas. Mas é fato: nas conversas de Hitler com Dietrich Eckart, a personalidade que mais o influenciou (*Mein Kampf* termina rendendo-lhe uma homenagem solene), fica muito clara a influência do "escrito extraordinariamente importante" do "notável produtor de carros americano"[86]. Ford marca forte presença mesmo quando não é citado de maneira explícita. Em todo caso, a tese que ele formula já em 1920 – segundo a qual a veracidade dos Protocolos é demonstrada pelo papel obscuro e infame cumprido pelos judeus no decorrer da guerra e, sobretudo, nos levantes na Rússia ("a Revolução Russa tem origem racial, não política", e ela, fazendo uso de palavras de ordem humanitárias e socialistas, expressa na realidade

---

[85] Sobre Schirach, ver Shirer, *Storia del Terzo Reich* (trad. it. Gustavo Glaesser, 4. ed., Turim, Einaudi, 1974), p. 230; sobre Himmler, ver Léon Poliakov, *Storia dell'antisemitismo*, v. 4 (trad. it. Rossella Rossini e Roberto Salvadori, Florença, La Nuova Italia, 1974-90), p. 293.

[86] Dietrich Eckart, *Der Bolschewismus von Moses bis Lenin: ein Zwiegespräch zwischen Adolf Hitler und mir* (Munique, Hoheneichen Verlag, 1924), p. 52.

uma "aspiração racial de domínio do mundo"[87]) – não pôde deixar de ter um impacto particularmente devastador num país como a Alemanha, que sofreu a derrota e se sente ainda ameaçado pela revolução. *O judeu internacional* aparece como uma luz fulgurante para o movimento chauvinista, revanchista e antissemita que cresce assustadoramente.

Agora fica claro o caráter superficial e instrumental da contraposição entre Europa e Estados Unidos, como se a trágica história do antissemitismo não tivesse envolvido ambas as regiões. Em 1933, Spengler sente a necessidade de esclarecer: a judeofobia por ele abertamente professada não deve ser confundida com o racismo "materialista" caro aos "antissemitas na Europa e na América"[88]. O antissemitismo biológico que sopra impetuosamente também do outro lado do Atlântico é considerado excessivo até mesmo para um autor dedicado a acusar a cultura e a história judia em todo seu arco evolutivo. Até por isso, Spengler parece temeroso e inconsistente aos olhos dos nazistas, cujo entusiasmo se dirige a outro lugar: *O judeu internacional* continua sendo publicado com grande honra no Terceiro Reich, com prefácios que ressaltam o decisivo mérito histórico do autor e industrial estadunidense (por iluminar a "questão judaica") e estabelecem uma espécie de linha de continuidade entre Henry Ford e Adolf Hitler[89]!

Nos Estados Unidos, nos círculos dedicados a defender a *white supremacy* e, em primeiro lugar, em Stoddard, é declarada a hostilidade diante dessa raça "asiática" que são os judeus[90]. As obsessões raciais se entrelaçam com aquelas eugênicas, de modo que não faltam aqueles que, no início do século XX, pensam em enfrentar a "doença" (*disease*) contagiosa espalhada entre os judeus mediante o "extermínio" (*extermination*) dos bacilos, de modo a realizar a necessária "desinfecção" (*disinfection*) da sociedade[91]. Recorrer a medidas de radicalismo extremo é necessário – salientam outras vozes depois da Revolução de Outubro – porque somente assim se pode frear o "imperialismo judaico, com

---

[87] Henry Ford, *Der internationale Jude* (trad. al. Paul Lehmann, Leipzig, Hammer, 1933), p. 128 e 145. *O judeu internacional* (Porto Alegre, Revisão, 1989).

[88] Oswald Spengler, *Jahre der Entscheidung*, cit., p. 157.

[89] Ver por exemplo o Vorwort da editora alemã na 29ª e 30ª edição, datada de "junho e agosto de 1933": Henry Ford, *Der Internationale Jude*, cit., p. 3-5.

[90] Lothrop Stoddard, *The Rising Tide of Color against White World-Supremacy*, cit., p. 165.

[91] Robert Singerman, "The Jew as a Racial Alien: the Genetic Component of American Anti-semitism", em David Gerber (org.), *Anti-semitism in American History* (Urbana/Chicago, University of Illinois Press, 1987), p. 112.

seu objetivo final de estabelecer um domínio judeu em escala mundial". Um duro destino aguarda o povo responsável por esse projeto infame: na Rússia, manifestam-se "massacres de judeus [...] até agora considerados impossíveis" e, portanto, "de uma escala sem precedentes nos tempos modernos"[92].

Esta última é, na realidade, uma profecia *post factum*. Ela é pronunciada num momento em que se exacerbam os *pogroms* contra os judeus, organizados pelos russos brancos (que contam com o apoio da Entente). E essa segunda (tentativa de) contrarrevolução – na qual não se tem dificuldade para reconhecer os defensores estadunidenses da *white supremacy* – passa também a fazer parte da bagagem ideológica do movimento nazista, que obviamente se soma à tradição antissemita autonomamente desenvolvida em terras alemãs.

O NAZISMO COMO PROJETO DE *WHITE SUPREMACY* EM ESCALA PLANETÁRIA

Aos teóricos da *white supremacy*, o próprio Hitler faz referência indireta, quando em 1928 se expressa de forma muito positiva sobre a "União americana" que, "estimulada pelas doutrinas de alguns pesquisadores raciais, fixou determinados critérios para a imigração"[93]. É preciso saber fazer uso desse exemplo: "É tarefa do movimento nacional-socialista introduzir na política aplicada os resultados já disponíveis da doutrina da raça". Além disso, os ensinamentos provenientes do outro lado do Atlântico são preciosos também no plano propriamente teórico; estamos falando de "conhecimentos e resultados científicos", de uma generalizante "doutrina da raça" que ilumina a "história mundial"[94]. Tem-se agora uma chave preciosa para ler de maneira adequada, além das superficiais aparências, os conflitos políticos e sociais não somente atuais mas também do passado.

Convém atentarmos para a influência exercida por Stoddard sobre a reação alemã e sobre o nazismo. Vimos a grande consideração a ele reservada em particular por Ratzel, Spengler e Rosenberg. No entanto, trata-se de um autor elogiado também por dois presidentes estadunidenses (Warren Gamaliel Harding e Herbert Hoover). Sobretudo a interpretação de Harding nos faz refletir: "Qualquer pessoa que leia atentamente o livro de Lothrop Stoddard,

---

[92] Joseph Bendersky, *The "Jewish Threat": Anti-semitic Politics of the U.S. Army* (Nova York, Basic Books, 2000), p. 58, 54 e 96.
[93] Adolf Hitler, *Hitlers zweites Buch*, cit., p. 125.
[94] Ibidem, p. 127.

A maré montante dos povos de cor, perceberá que o problema racial existente nos Estados Unidos é somente um aspecto do conflito racial que o mundo inteiro está enfrentando". Compreende-se então o interesse e até o entusiasmo do nazismo. Quando de sua estada por alguns meses na Alemanha, Stoddard vai ao encontro dos mais importantes "cientistas" da raça e também dos mais altos hierarcas do regime, isto é, Himmler, Ribbentropp, Darré e o próprio *Führer*[95].

Nada disso é surpreendente. O Terceiro Reich se apresenta como a tentativa, levada adiante nas condições da guerra total e da guerra civil internacional, de realizar um regime de *white supremacy* em escala planetária e sob a hegemonia alemã, por meio de medidas eugênicas, político-sociais e militares.

É preciso evitar – observa Rosenberg, em 1927 – o embate suicida que ocorre durante o primeiro conflito mundial:

> O programa pode ser sinteticamente assim formulado: o Império britânico assume para si a proteção da raça branca na África, na Índia e na Austrália; a América do Norte assume para si a proteção da raça branca no continente americano; e a Alemanha a assume em toda a Europa central, em estreitíssima aliança com a Itália, que por sua vez obtém o controle sobre o Mediterrâneo ocidental, no intuito de isolar a França e de derrotar as tentativas francesas de conduzir a África negra à luta contra a Europa branca.[96]

Mas o mais importante é o já citado discurso de Hitler aos industriais alemães na véspera da conquista do poder. Aos seus olhos, é clara a questão decisiva em torno à qual giram todas as outras: "futuro ou decadência da raça branca"[97]. A fim de alertar para as ameaças que pairam sobre a "posição dominante da raça branca", é preciso reforçar em todos os níveis seu "conceito de dominação" (*Herrensinn*)[98]. Além disso, é preciso apontar com clareza o inimigo, sem perder de vista o fato de que, por um lado, o estímulo à revolta dos povos coloniais e, por outro, a deterioração da consciência dos brancos enquanto detentores de

---

[95] Stefan Kühl, *The Nazi Connection: Eugenics, American Racism and German National Socialism* (Nova York-Oxford, Oxford University Press, 1994), p. 61. A opinião de Harding aparece na abertura de Lothrop Stoddard, *Der Kulturumsturz. Die Drohung des Untermenschen*, cit.

[96] Reportado em Klaus Hildebrand, *Vom Reich zum Weltreich: Hitler, NSDAP und Koloniale Frage 1919-1945* (Munique, Fink, 1969), p. 85.

[97] Adolf Hitler, *Reden und Proklamationen 1932-1945*, cit., p. 78 (de 27 de janeiro de 1932).

[98] Ibidem, p. 75.

um direito natural ao domínio são obra da nefasta agitação bolchevique (ou melhor, judaico-bolchevique). Esta promove a "confusão do pensamento branco europeu" ou do "pensamento europeu e estadunidense" e visa em última instância a "destruir e eliminar a nossa existência enquanto raça branca"[99]. A luta que a raça e a civilização brancas conduzem contra os seus inimigos é a chave para compreender todos os conflitos: a Espanha conquistada por Franco é a Espanha que caiu "em mãos brancas"[100], e isso apesar do fato de que as tropas coloniais marroquinas tenham contribuído em relevante medida para a vitória.

Em vez de "brancos", Hitler às vezes prefere falar em "nórdicos", "arianos" ou "ocidentais": "O nosso povo e o nosso Estado também foram erguidos afirmando o absoluto direito e consciência senhorial do chamado homem nórdico, dos componentes raciais arianos que ainda hoje detemos em nosso povo"[101]. Mas os termos em questão são usados em grande medida como sinônimos também pelos teóricos estadunidenses da *white supremacy*. É evidente que, para Hitler, estão excluídos do espaço sagrado da civilização os povos coloniais (incluídos os "indígenas" da Europa oriental, onde a Alemanha é chamada a erguer seu império continental), os bolcheviques e, naturalmente, os judeus, estranhos à raça branca, ao Ocidente e à civilização por uma série de razões: provêm do Oriente Médio, estão concentrados na Europa oriental, são os principais inspiradores da barbárie oriental bolchevique e, como se não bastasse, fazem de tudo para incitar o conflito entre os povos brancos e ocidentais.

À luz da traição consumada por um país como a França em relação à raça branca, é claro que é "tarefa, sobretudo dos Estados germânicos", impedir o processo de "abastardamento"[102]. Como sabemos, tendo evitado a contaminação racial a que os latinos estavam sujeitos, os Estados Unidos alcançaram uma posição dominante no continente americano. Graças à coerência e à radicalidade com que luta pela supremacia branca e ariana em âmbito planetário, a Alemanha está destinada a desenvolver um papel hegemônico na Europa e, perspectivamente, no mundo. É eloquente a conclusão de *Mein Kampf*: "Um Estado que, na época do envenenamento das raças, se dedica à cura de seus melhores elementos raciais se tornará necessariamente senhor da terra"[103].

---

[99] Ibidem, p. 77.
[100] Ibidem, p. 753 (de 5 de novembro de 1937).
[101] Ibidem, p. 80.
[102] Idem, *Mein Kampf*, cit., p. 444.
[103] Ibidem, p. 782 (Schlusswort).

A surdez dos outros países germânicos que se alinham ao Terceiro Reich contra a ameaça representada pela revolta dos povos coloniais e pela conspiração judaico-bolchevique expressa não apenas cegueira política mas também abastardamento racial. Em seu diário, Goebbels anota: as elites inglesas, "em função dos casamentos judeus, estão tão fortemente infectadas pelo judaísmo que, na prática, não são mais capazes de pensar de maneira inglesa"[104]. Aos olhos do *Führer*, o ministro da Guerra inglês é um "judeu marroquino", bem como corre "sangue judeu" nas veias de Franklin Delano Roosevelt, cuja mulher ademais tem um "aspecto negroide"[105].

Enquanto a guerra alcançava os Estados Unidos, estes começam a ser vistos de modo análogo àquele como os teóricos estadunidenses da *white supremacy* e o próprio Hitler haviam visto a América Latina: também a república estadunidense é agora caracterizada por "uma mistura de sangue judeu ou enegrecido"[106]. A derrota já paira sobre o Terceiro Reich, e, todavia, o seu líder se posiciona até o fim como defensor da causa da *white supremacy*: continua a se pronunciar a favor do "domínio branco" e a enaltecer a expansão dos "brancos" na América; infelizmente, o "americanismo" já está "judaizado" e degenerado[107]. A "desarianização" de que falara Stoddard a propósito da América Latina é agora invocada para explicar a guerra que a república estadunidense conduz contra outro povo germânico e a aliança por ela estabelecida com o inimigo mortal (a Rússia bolchevique e judia) da raça branca.

Por muito tempo, o nazismo se inspira na linguagem (e nas instituições e práticas) dos Estados Unidos da *white supremacy*. Não se trata apenas do *Untermensch* e da *Erbgesundheitslehre* e do horror pela *Rassenmischung* e pela *Rassenschande* ou *Blutschande*. O Terceiro Reich retira a cidadania política dos judeus: tal como a América estava destinada aos brancos, a Alemanha agora é um país dos arianos. Aqueles que forem contaminados pelo sangue judeu serão "mulatos" (*Mischlinge*)[108], assim como, nos Estados Unidos, "mulatos"

---

[104] Joseph Goebbels, *Tagebücher*, cit., p. 1764 (de 12 de março de 1942).

[105] Domenico Losurdo, *Kamps um die Geschichte*, cit., cap. 1.

[106] Adolf Hitler, *Reden und Proklamationen 1932-1945*, cit., p. 1797 (de 11 de dezembro de 1941).

[107] Idem, *Hitlers politisches Testament: die Bormann-Diktate vom Februar und April 1945*, com um ensaio de Hugh Redwald Trevor-Roper e posfácio de André François Poncet. (Hamburgo, Knaus, 1981), p. 124-5 e 55-6.

[108] Raul Hilberg, *La destruction des Juifs d'Europe* (trad. fr. Marie-France de Palomerá e André Charpentier, Paris, Fayard, 1988), p. 149.

(*Mischlinge*) serão aqueles em cujas veias corra uma só gota de sangue negro. No mais, quando durante algum tempo os hierarcas nazistas pensam em introduzir a segregação racial nas ferrovias contra os judeus, fica claro que o precedente de medidas análogas praticadas nos Estados Unidos (e na África do Sul) age em seu respaldo contra os negros[109].

Hitler não perde de vista nem sequer o destino reservado aos ameríndios. À sua época, Ratzel observou: "Mal colocada, a reserva (*Reservation*) funciona como uma prisão ou pior do que isso, pois ela não garante a manutenção da vida"; "os índios são obrigados a permanecer em seus campos áridos e infrutíferos, e é-lhes negado o direito de procurar outra alocação"[110]. Segundo Hitler, são os polacos, os indígenas da Europa oriental, que devem ser enclausurados numa "reserva" (*Reservation*) ou em um grande "campo de trabalho" (*Arbeitslager*)[111]. Com mais detalhes, Hans Frank, que dirige o "governo geral" (os territórios polacos não incorporados diretamente no Reich), declara que os polacos são alocados em "uma espécie de reserva": estão sujeitos à jurisdição alemã, mas não são "cidadãos alemães"[112] (esse era justamente o tratamento reservado ao peles-vermelhas).

Se os polacos e os habitantes da Europa oriental a serem expropriados, deportados e dizimados são os indígenas da situação, os sobreviventes, destinados ao trabalho servil ou semisservil são os negros: aos alemães não é permitido "misturar [...] o sangue" com uma raça servil"[113].

Um destino ainda mais trágico acomete os judeus. Estes – observou Stoddard – ocupam uma posição eminente "no 'corpo dos oficiais' da revolta" bolchevique e colonial[114]. Tal é a lógica que dirige o Terceiro Reich à "solução final". É interessante notar que esse termo também aparece pela primeira vez nos Estados Unidos entre os séculos XIX e XX, em livros que, ainda que um tanto vagamente e sem a coerência genocida de Hitler, invocam a "solução final

---

[109] Ibidem, p. 146-7.

[110] Friedrich Ratzel, *Politische Geographie der Vereinigten Staaten von Amerika unter besonderer Berücksichtigung der natürlichen Bedingungen und wirtschaftlichen Verhältnisse* (Munique, Oldenburg, 1893), p. 229.

[111] Adolf Hitler, *Reden und Proklamationen 1932-1945*, cit., p. 1591 (de 2 de outubro de 1940).

[112] Reportado em Wolfgang Ruge e Wolfgang Schumann, *Dokumente zur deutschen Geschichte: 1939-1942* (Frankfurt, Rödelberg, 1977), p. 36.

[113] Adolf Hitler, *Reden und Proklamationen 1932-1945*, cit., p. 1591.

[114] Lothrop Stoddard, *The Revolt against Civilization*, cit., p. 152.

e completa" (*final and complete solution* ou a *ultimate solution*) em relação aos "povos inferiores" ou aos negros em particular[115].

No começo do século XX, nos anos que antecedem a formação do movimento nazista na Alemanha, a ideologia dominante no Sul dos Estados Unidos era expressa pelos "jubileus da supremacia branca", nos quais marchavam homens armados e uniformizados, inspirados por "uma profissão de fé racial" assim formulada:

> 1) "O sangue dirá"; 2) A raça branca deve dominar; 3) Os povos teutônicos declaram-se pela pureza da raça; 4) O negro é um ser inferior e permanecerá como tal; 5) "Este país é do homem branco"; 6) Nenhuma igualdade social; 7) Nenhuma igualdade política [...]; 10) Transmitir-se-á ao negro aquela profissão que melhor o adeque para servir o branco [...]; 14) O homem branco de condição mais baixa deve ser considerado superior ao negro de condição mais alta; 15) As declarações acima indicam as diretrizes da Providência.[116]

Quem professa esse catecismo são homens que explicitamente afirmam, na teoria e na prática, a absoluta "superioridade do ariano" e dizem estar prontos para "mandar para o inferno" a Constituição, a fim de impedir "a perigosa, nefasta ameaça nacional" representada pelos negros. É fato que – observam isoladas vozes críticas –, aterrorizados como estão, "os negros não podem fazer mal" a ninguém, mas isso não impede que grupos racistas estejam prontos para "matá-los e exterminá-los da face da Terra"; estão decididos a instaurar "uma autocracia absolutista de raça", com a "absoluta identificação da raça mais forte como necessidade própria do Estado"[117].

Compreende-se então que, depois de chamar a atenção para os traços comuns entre a Ku Klux Klan e o movimento nazista (dos homens de uniforme branco no Sul dos Estados Unidos aos "camisas-pardas" alemães), uma estudiosa estadunidense de nossos dias julgue poder concluir: "Se a Grande Depressão não tivesse atingido a Alemanha com a força com que a atingiu, o nacional-socialismo poderia ser tratado tal como às vezes é tratada a Ku Klux Klan:

---

[115] Domenico Losurdo, *Controstoria del liberalismo*, cit., cap. 10.
[116] Comer Vann Woodward, *Le origini del nuovo Sud* (trad. it. Luciano Serra, Bolonha, Il Mulino, 1963), p. 334-5.
[117] Ibidem, p. 332.

como uma curiosidade histórica, cujo destino já estava selado"[118]. Isto é, mais que a história ideológica e política (muito semelhante nos dois países), o que explica o fracasso da "autocracia absolutista de raça" nos Estados Unidos e o triunfo da ditadura hitlerista na Alemanha seriam as diferenças da situação objetiva e o diferente impacto da crise econômica. É provável que essa afirmação seja exagerada. Seja como for, permanecem verdadeiras as relações de troca e de colaboração estabelecidas, no marco do racismo antinegro e antijudeu, já no começo dos anos 1920, entre a Ku Klux Klan e os círculos alemães de extrema direita. E é necessário ainda se perguntar se, para compreender a realidade do Terceiro Reich, a categoria de "autocracia absolutista de raça" não é mais apropriada do que aquela de "totalitarismo". Iniciada no Sul dos Estados Unidos e ampliada ulteriormente, a partir da luta contra um país – a Rússia soviética – que, como diz Stoddard, havia visto a ascensão ao poder dos "renegados" da raça branca, ou que, nas palavras de Spengler, havia jogado fora a "máscara 'branca'" e passado a fazer parte da "totalidade da população de cor da terra", a contrarrevolução que eclode em nome da *white supremacy* desemboca, por fim, no nazismo.

---

[118] Nancy MacLean, *Behind the Mask of Chivalry*, cit., p. 184.

QUARTA PARTE
CRÍTICA DO LIBERALISMO, DEMOCRACIA E RECONSTRUÇÃO DO MARXISMO

MARXISMO E COMUNISMO NOS 200 ANOS DO NASCIMENTO DE MARX*

Não há dúvida de que, desde Marx, a história mundial mudou completamente. E talvez a transformação decisiva, a mais significativa, seja aquela que Ruggero [Giacomini] mencionou, quando disse que o mundo já foi considerado limitado ao Ocidente.

Mesmo em Gramsci podemos ler essa observação crítica, na qual ele cita Bergson, ilustre filósofo francês do século XX. Sobre Bergson, Gramsci diz que, para ele, humanidade significa Ocidente. Em outras palavras, por muito tempo, o Ocidente não apenas se considerou o centro do mundo mas também, de alguma maneira, tendeu a excluir os povos não ocidentais da dignidade humana.

Hoje está claro que tudo mudou. Tudo mudou. O processo ainda está em andamento, não podemos prever como ele se desenvolverá, mas uma coisa é clara: hoje, falar de história, de história do mundo, ignorando a história do comunismo, é simplesmente um sinal de ignorância. A partir de Marx, a história mundial foi também a história da luta a favor e contra o comunismo. Não é por acaso que Marx, juntamente com Engels, foi o autor do *Manifesto do Partido Comunista*, publicado pela primeira vez em 1848.

---

* Conferência proferida em 7 de abril de 2018 em evento promovido pela seção de Ancona do Partido Comunista Italiano. Traduzido do italiano por Federico Losurdo. Notas, colchetes e revisão técnica por Marcos Aurélio da Silva. A transcrição da conferência em italiano, também consultada pelo revisor, foi realizada por Ruggero Giacomini, presidente do centro cultural "La Città Futura". Publicado primeiro em português na revista *Novos Rumos*, Marília, v. 56, n. 2, 2019, p. 49-58.

Mundialização da história

Vamos considerar essa abordagem de modo diferente: devemos considerar a humanidade como um todo ou apenas o Ocidente? Como se os não ocidentais não tivessem a dignidade dos homens? É um problema que ainda hoje se nos apresenta, naturalmente em novas formas, mas ainda hoje se apresenta.

O século XX, que acabou de terminar, foi o século que viu o advento da história mundial – quero enfatizar esse conceito –: antes de Marx e do movimento comunista, não havia história do mundo. Sim, falava-se da história do mundo, mas esta era, em última análise, identificada com a história do Ocidente. E essa perspectiva falsificou a leitura da história. Pensemos, por exemplo, na eclosão da Primeira Guerra Mundial, de 1914 a 1918: por que ela estourou, o que é e onde ela se verifica? Naturalmente eclodiu na Europa e investiu o mundo inteiro; e isso porque ela também envolveu o mundo colonial. Pode ser interessante reler a caracterização que Lênin faz da Primeira Guerra Mundial. Quando irrompeu, estavam no ano de 1914 e todos um pouco atordoados com esse desarranjo.

Por muito tempo, a ideologia dominante, oficial, havia dito que a era das sublevações havia terminado. E por que então ela explode? Lênin dá uma definição sobre a qual ainda vale a pena refletir. A Primeira Guerra Mundial, diz ele, é, de um lado, a luta entre os grandes proprietários de escravos pela expansão e defesa de seu próprio império colonial e escravista; por outro lado, é a luta desses mesmos proprietários para fortalecer sua dominação sobre os escravos coloniais. Ou seja, é Lênin o único que, ao analisar a Primeira Guerra Mundial, põe ênfase na escravidão colonial.

A Primeira Guerra Mundial não é apenas um assunto europeu e ocidental. Não podemos *entendê-la* sem entender o papel da escravidão colonial.

Isso é um exagero polêmico de Lênin? À primeira vista, parece que sim. Certamente, definir a Grã-Bretanha, que afirmava ser a personificação da liberdade, como um império colonial escravista parece forçado. Mas na realidade não é.

Pensem no que acontece com as colônias imediatamente após a eclosão da Primeira Guerra Mundial. Basta ler o que afirmam os historiadores burgueses. Todos os grandes protagonistas dessa guerra precisam de soldados, de "bucha de canhão"; e como é obtida essa bucha de canhão? É obtida com assaltos realizados nas colônias para capturar precisamente soldados, buchas de canhão, milhões e milhões de pessoas que são enviadas para matar e morrer a milhares de quilômetros de distância por uma guerra sobre a qual ignoram tudo ou quase tudo.

Não significa que os povos coloniais gostem de ser usados como bucha de canhão. Por exemplo, em 1916, há uma revolução na Irlanda, que fazia parte do Império Britânico, o império que deveria ter sido a personificação da liberdade. O Império Britânico é, na verdade, o Estado que vê a primeira revolta – antes da Revolução de Outubro – contra a guerra. Há outras, é claro. E, entre estas, um papel decisivo é desempenhado pela Revolução de Outubro.

Mesmo na Itália, chegou-se ao limiar da revolução armada contra a guerra imperialista, contra a guerra colonial. Não ocorre uma verdadeira revolução, mas chegamos ao limiar de uma.

A originalidade da abordagem de Lênin

Vejam a originalidade da abordagem de Lênin: quando a Primeira Guerra Mundial irrompe, ele diz que estamos na presença de dois gigantescos conflitos que, pelo menos por algum tempo, se fundem em somente um. Quais são esses dois conflitos gigantescos?

Um, novamente, é a competição, a luta até a morte entre as potências colonialistas e imperialistas, colonialistas e escravistas: este é o primeiro conflito gigantesco. O outro grande conflito que explodiu em 1914 é a luta das colônias, dos escravos nas colônias para romper as correntes da escravidão.

Vale a pena dizer algumas palavras sobre a originalidade da abordagem leninista. Por quê? Porque a leitura que foi feita de 1914 e que ainda faz parte dos manuais de história tenta esconder a tragédia das colônias. Parece que somente sofrem, morrem, são forçadas a matar e são mortas as grandes potências colonialistas e imperialistas. Por outro lado, é claro que a partir de 1914 começa também a era das grandes revoluções coloniais.

E a primeira grande revolução anticolonial é precisamente a Revolução de Outubro. Ela, naturalmente, tem um significado muito mais amplo, não apenas em relação à questão das colônias. A Revolução de Outubro quer pôr fim a um sistema, o sistema capitalista, que, junto com a exploração, também envolve a guerra.

Mas até aquele momento ninguém havia destacado a questão colonial. Lênin é o primeiro. Portanto, do ponto de vista de Lênin, não se pode estabelecer uma paz estável sem questionar esses dois grandes conflitos que se juntam na tragédia consumada entre 1914 e 1918.

Na linguagem de Lênin: tal guerra é a corrida entre as grandes potências capitalistas e colonialistas para se apoderar do maior império colonial possível, do maior número possível de escravos coloniais – a competição interimperialista e intercapitalista –, por um lado, e a revolta dos povos coloniais, por outro, que antes de 1917 já havia começado a se tornar uma característica da história.

Em relação à Itália, antes da Primeira Guerra Mundial, temos a guerra da Itália liberal, do assim chamado liberal Giolitti, contra a Turquia para submeter a Líbia, estendendo o seu domínio colonial também a este país.

A definição de Lênin da Primeira Guerra Mundial – como a guerra da escravidão e a revolta dos escravos das colônias contra a dominação imperialista e colonialista do Ocidente – é perfeitamente correta e científica. Se a escravidão é o poder de vida e morte que o patrão exerce sobre seus escravos, não há dúvida de que a Primeira Guerra Mundial também foi uma guerra de escravos. Temos diante de nós a descrição de uma fonte insuspeita, não de uma fonte comunista. Temos a descrição da perseguição nas colônias para obter o maior número possível de soldados, o maior número possível de escravos coloniais, que são forçados a matar e a ser mortos.

Não há dúvida de que o Ocidente liberal, o assim chamado Ocidente liberal, tem um poder de vida e morte sobre as suas colônias e sobre os povos coloniais, mesmo quando se reveste de formas liberais, como, por exemplo, na Grã-Bretanha, na Itália e nos Estados Unidos. Na realidade, os soldados são forçados a matar e morrer enquanto caçam o homem que não deixa espaço para a vontade dos povos.

O século XX, que começa com a Revolução de Outubro, é o século, por um lado, de uma gigantesca luta planetária contra a guerra e contra o sistema que gera a guerra: o capitalismo, o colonialismo e o imperialismo; por outro, por volta de 1900, é também a era das revoluções anticoloniais. Esse fenômeno, que até então nunca ocorrera ou ocorrera apenas raramente, excepcionalmente, torna-se a regra. Revoluções anticoloniais caracterizam toda a história do século XX. E hoje esse capítulo da história ainda não terminou. Pensamos nas guerras que ainda sangram e destroem países como a Líbia, o Iraque, que ameaçam o Irã, nas guerras que destruíram a Iugoslávia. É claro que são guerras neocoloniais, não há dúvida.

E são também guerras neocoloniais porque se manifestam com toda a bárbara brutalidade típica das guerras coloniais. A dignidade humana é explicitamente negada aos escravos das colônias. E assim podemos entender a contiguidade entre o capitalismo, por um lado, e o fascismo e o nazismo, por outro. O fascismo e o nazismo se afirmam negando precisamente a dignidade humana aos povos coloniais.

Untermensch, Untermenschen

Os povos coloniais são *untermenschen*, sub-humanos. Eles têm a aparência humana, mas não são totalmente humanos, não são totalmente capazes de entender e de querer. Sub-humano (do alemão no singular *untermensch* ou no plural *untermenschen*) torna-se então a categoria-chave do nazismo. Nós devemos refletir sobre isso. O nazismo usa essa categoria, mas não é verdade que esta tenha sido usada pela primeira vez pelo nazismo. Ela atravessa toda a tradição colonial e desempenha um papel central e infame no fascismo e no nazismo. Se nos perguntarmos qual é a categoria principal do discurso nazista, é a de *untermensch*.

Assim, podemos entender que o fascismo e o nazismo estão ligados a um processo gigantesco de desumanização. Povos mesmo numerosos, dezenas e centenas de milhões de pessoas, de repente veem negada a sua dignidade humana. Seres que, sim, têm a aparência da humanidade, mas apenas a aparência. O resto pertence mais ao mundo animal do que ao mundo humano.

Vale a pena refletir sobre a história da categoria de *untermensch*, *untermenschen*. No final do século XIX, nas concessões a oeste da China, em Xangai – esses enclaves que os ocidentais reservaram a si na China –, na entrada de uma concessão francesa estava escrito em forma grande e vistosa, de modo que a ninguém pudesse escapar: "proibido o ingresso de cães e de chineses". Os chineses são incluídos na categoria de cães e não na categoria de homens.

Se nos fixamos ainda nesse período do final do século XIX e início do XX, notamos que havia na entrada de parques públicos no Sul dos Estados Unidos letreiros onde se lia: "proibido o ingresso de negros e de cães".

Mesmo os negros (do inglês *niggers* ou do italiano *negracci*) são excluídos da dignidade dos homens. E não é apenas uma questão de teoria. Mesmo antes de o nazismo prosseguir com sua terrível barbárie, vemos tentativas de implementar essa teoria. Sobre isso, posso fazer uma breve menção: o povo indiano participou ativamente da Primeira Guerra Mundial. Sim, Gandhi, que falou em não violência, mas participou ativamente da Primeira Guerra Mundial lutando pela Inglaterra. Mas depois houve revoltas.

A Inglaterra, uma grande potência colonial, vinga-se daquilo que considera uma afronta; e, imediatamente após a Segunda Guerra Mundial, conduz uma vingança refinada ou talvez bárbara: nas cidades indianas onde havia ocorrido uma rebelião contra o domínio colonial britânico, eis que é inventada uma forma de punição que é imediatamente implementada. Os habitantes dessas cidades se mostraram intolerantes com o domínio britânico, e por isso essas cidades ficaram sujeitas à seguinte punição: seus habitantes só podiam sair de casa movendo-se "a quatro patas", como cachorros; e deveriam sempre voltar para casa do mesmo jeito. Era uma gigantesca humilhação nacional e racial que, naquele momento, imediatamente após a Primeira Guerra Mundial, atingiu um país como a Índia, o segundo país mais populoso do mundo depois da China; e um país que, como aquele, tem uma grande tradição cultural. Portanto, é verdade que tanto o colonialismo como o nazismo procedem à desumanização. Povos inteiros são excluídos da dignidade humana. Eles são considerados indignos de participar da comunidade humana.

E aqui podemos entender melhor o nazismo. Vejamos que precisamente os russos, os soviéticos, são considerados *untermeschen*, sub-humanos.

O problema moral

Para entender a cultura daqueles anos, inclusive a cultura liberal, quero citar um autor que é bem conhecido: Oswald Spengler, autor alemão que publica *A decadência do Ocidente*. A tese central desse livro é esta: a União Soviética, participando ou mesmo promovendo as revoluções anticoloniais, agora não faz mais parte do povo branco, mas sim é parte dos *niggers*, das "populações de cor". Veja você, o debate sobre o conceito de "homem" está no centro de toda a história do século XX. E assim podemos entender melhor a história do comunismo.

Que o comunismo significou grandes momentos de emancipação, não creio que seja necessário explicá-lo aqui.

Mas talvez uma coisa ainda possa ser acrescentada: quantos livros foram escritos para mostrar que, sim, o comunismo representou um grande progresso, mas foi uma afronta à moralidade, às regras da moralidade? É um grande absurdo. A verdade é exatamente o oposto. A moral, explicaram filósofos como Kant e Hegel, grandes filósofos burgueses, é a construção de um conceito universal de homem e essa construção se afirmou no século XX graças às lutas dos comunistas.

Sobre isso se poderia fazer um longo discurso e quero dizer outra pequena coisa. Vamos tentar entender melhor a ideologia do Terceiro Reich, a ideologia nazista. Um dos mais famosos e notórios hierarcas do nazismo alemão é Himmler. Ele também está convencido do caráter essencialmente não humano dos povos coloniais. E diz: "Nós precisamos absolutamente de escravos. Somente com uma forte presença de população reduzida às condições de escravidão podemos construir este império colonial do Terceiro Reich, do qual absolutamente precisamos, e que a Alemanha de Hitler começou a edificar".

"Nós precisamos absolutamente de escravos". Himmler diz claramente: "Neste momento em que estamos entre nós – ele estava em uma reunião de hierarcas –, posso falar francamente, sem recorrer a expressões equivocadas. Nós precisamos absolutamente de escravos". Quem podem ser estes escravos? Himmler o diz claramente: os eslavos, os povos da Europa oriental e principalmente os habitantes da União Soviética têm que ser escravizados. Há uma tentativa em grande escala de reintroduzir a escravidão, a escravidão no sentido clássico do termo. Essa tentativa falha por causa da resistência épica dos povos soviéticos, que fazem fracassar essa tentativa nazista de escravização.

Do ponto de vista de Himmler, a escravidão é parte integrante da história. Povos de grande civilidade, como os gregos e os romanos, estavam cheios de escravos; por que os alemães e os nazistas também não fariam isso? Estou, obviamente, citando pelo ponto de vista de Himmler e dos hierarcas do Terceiro Reich.

O julgamento de Nuremberg, que condena certo número de líderes do nazismo à morte, imputa-lhes, entre outras coisas, a responsabilidade por querer reintroduzir a instituição da escravidão. E os juízes de Nuremberg estavam certos em acusar Hitler e os hierarcas do Terceiro Reich de quererem trazer de volta a escravidão. Assim, a tese difundida pela ideologia burguesa não apenas deve ser rejeitada como deve mesmo ser invertida: o comunismo tem sido um capítulo gigantesco também da história da moralidade, da história da afirmação de uma moralidade universal.

A LUTA NÃO ACABOU

Essa luta, é claro, não acabou. Vocês sabem que também na Europa os movimentos neofascistas e neonazistas estão tentando levantar a cabeça; é difícil para eles fazer isso, mas temos de estar muito atentos. O retorno de teorias francamente racistas que dividem a humanidade: por um lado, humanos ou super-humanos, por outro, os *untermenschen*, os sub-humanos, e esse reaparecimento de teorias abertamente racistas é um fato perturbador. A reação se manifesta em suas formas mais bárbaras, tão bárbaras que negam o conceito de moralidade, porque negam o conceito de humanidade. Desde Kant, pelo menos, moral é o que é universalmente válido para todos os homens. Mas, se alguém começa a quebrar a humanidade, se alguém a divide entre humanos e sub-humanos, é claro que a moralidade é destruída. Nesse ponto, devemos insistir com particular força.

Os escritores católicos mais sensíveis do século XX também destacaram essa característica profundamente humanista do marxismo e do comunismo. De outro lado, os piores crimes de toda a história do mundo estão comprometidos com as teorias colonialistas e racistas.

Os crimes do nazismo não podem ser compreendidos se for desconsiderado o fato de que foram precedidos por uma teoria que dilacerou irremediavelmente a humanidade: havia humanos, mas também sub-humanos.

E então devemos admitir que há uma grave lacuna na cultura da esquerda, e até mesmo da marxista e comunista, uma vez que lhe falta a consciência do caráter neocolonial das guerras que destruíram o Oriente Médio, destruíram a Iugoslávia, destruíram a Líbia e poderão destruir países como a China ou outros.

A consciência do caráter neocolonial dessas guerras é pouco difundida; devemos comprometer-nos a esclarecer isso. Ainda é um debate muito superficial o que se desenvolve sobre isso. Naturalmente, a ideologia dominante diz que são guerras humanitárias, guerras promovidas pelo Ocidente para evitar grandes massacres, o que, na verdade, produz os massacres que eles dizem querer evitar. Um grande filósofo ocidental, genuinamente anticomunista, mas, por outro lado, um filósofo digno de estima e respeito, Todorov, sobre a guerra contra a Líbia, escreveu: "A guerra contra a Líbia – que eclodiu em 2011 –, desencadeada sob o disfarce de salvar trezentos líbios, que segundo a acusação do Ocidente estavam prestes a ser assassinados por Gaddafi, causou 70 mil mortes".

É por isso que eu aplaudo esta iniciativa em Ancona e convido todos a aprofundá-la, para difundir a exigência de colocar no centro das atenções o tema do colonialismo e do neocolonialismo nos dias atuais.

Naturalmente, a ideologia neocolonialista e racista não se apresenta sempre de forma aberta; isso mostra que elas sofreram uma derrota. Mas, mesmo quando elas não se apresentam de forma aberta, estas ideologias são fatais, elas preparam tragédias em escala total. Por isso é necessário fazer não só conferências mas também eventos públicos para lutar contra o colonialismo e o neocolonialismo, contra o racismo e o neorracismo, contra o imperialismo. E devemos dizer claramente que, enquanto a Itália fizer parte da Otan, ela poderá sempre ser usada para guerras imperialistas e neocoloniais. A luta contra a Otan continuará a ser parte integrante da luta anticolonialista e anti-imperialista.

Não nos esqueçamos do monstro. Tenham em mente que por muito tempo o termo racismo não tinha conotações negativas. De fato, entre o final do século XIX e o começo do século XX, havia quem se gabasse de ser racista. E eu não falo apenas dos nazistas. O marxismo foi ridicularizado precisamente porque falava da humanidade. "Mas a humanidade não existe!", disseram esses teóricos, "porque existem raças diferentes, que estão em um grau diferente de desenvolvimento da humanidade!".

E devemos estar atentos para que essa barbárie não se manifeste novamente. É por isso que se trata de fazer uma campanha sistemática, que esclareça a barbárie de qualquer ideologia racista e também o vínculo que existe entre esta e o capitalismo, o colonialismo e o imperialismo.

Tenham em mente que os campos de concentração, mesmo em países de tradição liberal, se estabeleceram precisamente a partir dos empreendimentos do colonialismo. Como podemos justificar o fato de que alguns povos devem ser condenados à escravidão? Não é fácil. No entanto, se é dito que esses povos não são povos, mas são cães, *untermenschen*, então se torna bastante fácil. Foi assim que ocorreu historicamente.

Acredito que devamos desenvolver uma luta, não de curta duração, por meio da qual se explique, se demonstre o caráter bárbaro de todas as ideologias e manifestações racistas. Devemos também formular programas que exijam que a condenação do racismo seja inserida de maneira oficial e solene nos textos escolares italianos.

Um grande capítulo da história universal

A história do movimento comunista foi, ao mesmo tempo, um grande capítulo da história da abolição da escravidão colonial, da condenação da escravidão colonial em todas as suas formas e também da afirmação de uma autêntica moral capaz de respeitar cada homem. Acredito que neste ponto devemos nos comprometer a retomar a luta, levando-a também ao plano teórico. No início do século XX, havia na Alemanha um autor super-reacionário que então se tornara um autor de referência do nazismo, Houston Chamberlain, de nome inglês, mas alemão naturalizado, que zombava do movimento comunista, dizendo: "Só os marxistas continuam acreditando na humanidade, na unidade do gênero humano". Ele não sabia que, expressando-se dessa maneira, fazia o maior elogio ao movimento que Marx iniciara.

E não podemos deixar de olhar com respeito e admiração para um autor como Marx, que empreendeu a luta contra a ideologia racista numa época em que parecia que o racismo era a única doutrina científica. Marx não tinha dúvidas quanto a empreender essa luta. E, sem o ensinamento de Marx e da Primeira Internacional dos Trabalhadores, fundada por Marx, não poderíamos entender os acontecimentos do século XX, não poderíamos entender a crise do capitalismo, a luta anticolonialista e anti-imperialista que caracterizou a história do século XX.

Se fosse possível, teríamos de obrigar as autoridades escolares – e não só escolares – a lembrar os ensinamentos de Marx, para fazer entender que estes são parte integrante da educação cívica. Não pode haver educação cívica se não se denuncia profundamente o colonialismo, o neocolonialismo, o racismo e o neorracismo.

A respeito disso, devemos desenvolver iniciativas em grande escala, procurando um encontro também com os católicos, é claro, e explicando a teoria de Marx e de Engels como uma teoria que é profundamente humanista, que rejeita a exploração, a discriminação social, mas também a humilhação e o enxovalhar da dignidade de todo homem e de toda mulher em todas as suas formas.

Podemos também olhar com admiração para a transformação do mundo que ocorreu desde Marx e Engels, Lênin, Gramsci... É claro, não é? Uma transformação que tem um grande significado moral, não apenas político. Estabeleceu-se o conceito de unidade do gênero humano [aplausos].

* * *

No debate que se abre, duas questões são levantadas para o palestrante: 1. sobre a relação entre o conceito de classe e aquele universal de humanidade e 2. sobre o marxismo ocidental.

Losurdo. Vamos partir da segunda questão, o tema do meu livro de críticas ao marxismo ocidental. Muitas vezes, após a Segunda Guerra Mundial, a categoria de "marxismo ocidental" foi usada, mesmo por autores de orientação marxista, de maneira narcísica: como se o marxismo tivesse seu verdadeiro significado apenas no Ocidente, enquanto no Oriente... Do meu ponto de vista, é uma idiotice. Entretanto, o marxismo teve um desenvolvimento particular no Oriente. Se pensarmos na revolução anticolonial, é claro que as grandes revoluções anticoloniais tiveram como alvo o Ocidente, que explorou o Oriente.

A lição de Gramsci

Vamos abordar um autor como Gramsci, que foi um dos grandes teóricos do marxismo, não apenas na Itália, não apenas no Ocidente, mas em escala global. Uma característica essencial do pensamento de Gramsci é a crítica que ele faz ao antiuniversalismo do Ocidente, que tende a identificar a universalidade consigo mesmo. Então, se quisermos seguir Gramsci, [poderemos dizer que] o marxismo ocidental, ou o assim chamado, tem sido incapaz de pensar a universalidade da humanidade. Tanto é que Gramsci chega a dizer que o marxismo é sinônimo de universalismo e este é, ao mesmo tempo, humanismo integral.

E esse pensamento caracteriza Gramsci ao longo de sua evolução. Mesmo durante a Primeira Guerra Mundial, diz Gramsci, depois de Caporetto[1], quando o desastre também atinge o Ocidente propriamente dito: pois é, agora se dá atenção ao sofrimento do povo italiano ou de outros países, mas na realidade os mesmos sofrimentos já começaram antes. Desafortunado o marxismo que se torna provinciano, chauvinista, como se o povo italiano tivesse sido o único a sofrer em grande escala.

O grande mérito do marxismo foi também o de ter descoberto e afirmado a perspectiva da história universal; e essa inspiração universalista está sempre presente em Gramsci. Ele começou a afirmar a centralidade da questão colonial antes mesmo da Revolução de Outubro, antes mesmo de se identificar com o movimento resultante da Revolução de Outubro, ou seja, muito rapidamente. O que seria de nós se perdêssemos de vista a grandeza moral de Gramsci, que, a partir da guerra, sublinhou a mutilação da universalidade humana promovida pelo capitalismo, pelo colonialismo, pelo imperialismo, universalidade que é retomada e atualizada pelo marxismo, pelo comunismo, pela Revolução de Outubro?

Classe e universalismo

Em relação à classe. Não devemos nos deixar enganar por certos trocadilhos. Se nós hoje, por exemplo, insistimos no fato de que a condição feminina tem sua própria peculiaridade – no sentido de que as mulheres, além da exploração que caracteriza a sociedade capitalista burguesa como um todo, também são forçadas a sofrer opressão de gênero –, não é por isso que nós devemos renegar o universalismo. Não. Digamos que é preciso entender as diferentes configurações da opressão, de classe, de gênero, dos povos. Compreender também as diferentes configurações de opressão feminina. Nosso universalismo não pode ser aquele que, exaltando a universalidade, depois esquece as formas

---

[1] Referência à batalha de Caporetto, ocorrida entre o fim de outubro e o início de novembro de 1917 envolvendo o Exército italiano e o austro-húngaro, com resultado desastroso para as tropas italianas. Para uma síntese das posições de Gramsci acerca desse episódio, ver Marcos Del Roio, "Caporetto" em Guido Liguori e Pasquale Voza (orgs.), *Dicionário Gramsciano – 1926-1937* (trad. Ana M. Chiarini et al., São Paulo, Boitempo, 2009), p. 159.

concretas que a opressão e a humilhação da universalidade podem assumir. O movimento feminista, cuja importância e relevância devemos sublinhar, não pode ser entendido sem a contribuição do marxismo e do comunismo.

E Marx insistiu muito na essencialidade da questão feminina. Encontramo-la também em Gramsci, em Lênin e assim por diante. Portanto, a objeção burguesa é um tanto ridícula, já que insistimos na centralidade da questão colonial. Em Marx, há um texto curto e belo que diz que a barbárie intrínseca que, no Ocidente, se manifesta em formas mais ou menos atenuadas, nas colônias se manifesta em toda a sua barbárie e brutalidade. Essa não é uma contestação do universalismo. Pelo contrário, essa é a necessidade, muito profunda em Marx, de ter em mente que o universalismo não é uma frase retórica, não pode ser reduzido a uma frase retórica. E me estranharia se tolerássemos que o universalismo fosse reduzido a uma frase retórica.

Apesar da homenagem formal ao universalismo, há setores importantes do mundo humano que são oprimidos e humilhados, e isso é absolutamente intolerável. Não só não há contradição, mas há profunda unidade. Universalismo e ênfase na barbárie da questão colonial: não há contradição, mas há unidade. Por isso, o conceito de classe é tão importante.

O que eles dizem? "Mas por que falar de classe? Os homens são iguais". Certamente, no que diz respeito à dignidade, os homens são iguais, mas se trata de observar se essa universalidade, essa igualdade, está aplicada na sociedade burguesa. E devemos dizer que não, porque basta uma análise concreta da situação concreta. Mas, quando dizemos que a universalidade na sociedade burguesa é pisoteada, não pretendemos celebrar a particularidade, mas a universalidade em sua concretude.

É um dado conhecido que [foram] os grandes movimentos que promoveram o respeito à universalidade: o movimento anticolonialista, o movimento feminista, as lutas dos trabalhadores. Todos esses grandes movimentos, que colocaram o problema da universalidade em sua concretude, tiveram um ponto de apoio no marxismo e no comunismo. Eles foram muitas vezes inspirados pela lição de Marx. E esse não é um capítulo concluído da história, é um capítulo que ainda nos diz respeito diretamente. É belo que Marx fale, naturalmente em sentido crítico, da escravidão doméstica das mulheres, [já que] essa é uma das vergonhas da sociedade burguesa e devemos continuamente lembrar essa vergonha, não tolerá-la, mas ser capazes de derrubá-la completamente.

[Vivos aplausos].

REVOLUÇÃO DE OUTUBRO E DEMOCRACIA NO MUNDO*

Introdução

A ideologia e a historiografia ocidental parecem querer resumir o balanço de um século dramático em uma historieta edificante, que pode ser assim sintetizada: no início do século XX, uma moça fascinante e virtuosa (a senhorita Democracia) é agredida, primeiro por um bruto (o senhor Comunismo) e depois por outro (o senhor Nazifascismo). Aproveitando também os contrastes entre os dois e por meio de complexos eventos, a moça consegue enfim libertar-se da terrível ameaça. Tornando-se nesse meio-tempo mais madura, mas sem perder o seu fascínio, a senhorita Democracia pode agora coroar o seu sonho de amor mediante o casamento com o senhor Capitalismo; cercado pelo respeito e admiração geral, o feliz e inseparável casal adora levar a sua vida entre Washington e Nova York, entre a Casa Branca e Wall Street. Com essa configuração das coisas, não é mais permitido ter qualquer dúvida: o comunismo é o inimigo implacável da democracia, a qual pôde consolidar-se e desenvolver-se apenas depois de tê-lo derrotado.

---

* Traduzido do italiano por Marcos Aurélio da Silva. Revisão técnica de Giulio Gerosa. Publicado primeiro em português na revista *INTERthesis*, Florianópolis, 2015, p.361-374. Publicado em italiano em 2015 como livreto pela editora *La Scuola di Pitagora*, o texto resulta da reelaboração de uma conferência pronunciada pelo autor no ano de 2007, na livraria Feltrinelli da cidade de Nápoles, no âmbito do Ciclo *I Venerdì della politica – Cos'è la democracia* [As sextas-feiras da política – O que é a democracia], promovido pela *Società di studi politici – Scuola di Alta Formazione dell'Istituto Italiano per gli Studi Filosofici* [Sociedade de estudos políticos – Escola de Alta Formação do Instituto Italiano para os Estudos Filosóficos].

A DEMOCRACIA COMO SUPERAÇÃO DE TRÊS GRANDES DISCRIMINAÇÕES

Todavia, essa historieta edificante nada tem a ver com a história real. A democracia, assim como hoje a entendemos, pressupõe o sufrágio universal: independentemente do sexo (ou gênero), da riqueza e da raça, cada indivíduo deve ser reconhecido como titular de direitos políticos, do direito eleitoral ativo e passivo, do direito de votar nos seus próprios representantes e de ser eventualmente eleito nos organismos representativos. Isto é, nos nossos dias, a democracia, até em seu significado mais elementar e imediato, implica a superação de três grandes discriminações (sexual ou de gênero, censitária e racial) que eram ainda vivas e vitais às vésperas do Outubro de 1917 e que foram superadas apenas com a contribuição, por vezes decisiva, do movimento político resultante da Revolução Bolchevique.

Comecemos com a cláusula da exclusão, macroscópica, que negava o gozo dos direitos políticos à metade do gênero humano, isto é, às mulheres. Na Inglaterra, as senhoras Pankhurst (mãe e filha), que promoviam a luta contra tais discriminações e dirigiam o movimento feminista das sufragistas, eram obrigadas a visitar periodicamente as prisões do país. A situação não era muito diferente nos outros grandes países do Ocidente. Ao contrário, foi Lênin, em *O Estado e a Revolução*, quem denunciou a "exclusão das mulheres" dos direitos políticos como uma confirmação clamorosa do caráter discriminatório da "democracia capitalista". Tal discriminação fora eliminada na Rússia já após a revolução de fevereiro, saudada por Gramsci como "revolução proletária" devido ao protagonismo nela desempenhado pelas massas populares, como o confirmava o fato de que a revolução havia introduzido "o sufrágio universal, estendendo-o também às mulheres". O mesmíssimo caminho fora depois percorrido pela república de Weimar, resultante da revolução de novembro que eclodiu na Alemanha a um ano de distância da Revolução de Outubro e sob a influência e como imitação desta última. Sucessivamente, na mesma direção se moviam também os Estados Unidos. Na Itália e na França, ao contrário, as mulheres conquistaram os direitos políticos somente após a Segunda Guerra Mundial, na onda da resistência antifascista, para a qual os comunistas contribuíram de modo essencial ou decisivo.

Considerações análogas podem ser feitas a propósito da segunda grande discriminação, ela que também há tanto tempo tem caracterizado a tradição liberal: refiro-me à discriminação censitária, que excluía dos direitos políticos ativos e passivos os não proprietários, os destituídos de riqueza, as massas populares. Já eficazmente combatida pelo movimento socialista e operário, já profundamente enfraquecida, esta continuava a resistir teimosamente às vésperas da Revolução de Outubro. No ensaio sobre o imperialismo e em *O Estado e a Revolução*, Lênin chamava a atenção para as persistentes discriminações censitárias, camufladas mediante os requisitos de residência e outros "'pequenos' (alegadamente) detalhes da legislação eleitoral", que em países como a Grã-Bretanha comportavam a exclusão dos direitos políticos do "estrato inferior propriamente proletário". É possível acrescentar que mesmo o país clássico da tradição liberal tardou de modo particular a afirmar plenamente o princípio "uma cabeça, um voto". Só no ano de 1948 desapareceram os últimos traços do "voto plural", a seu tempo teorizado e celebrado por John Stuart Mill: os membros das classes superiores considerados mais inteligentes e mais dignos gozavam do direito de exprimir mais de um voto. Retornava, assim, pela janela a discriminação censitária expulsa pela porta.

No que diz respeito à Itália, nos manuais escolares se pode ler que a discriminação censitária foi eliminada em 1912, mas, na realidade, continuavam a subsistir as "pequenas" cláusulas de exclusão denunciadas por Lênin. Não é este, porém, o ponto mais importante. A lei aprovada naquele ano concedia graciosamente os direitos políticos só àqueles cidadãos do sexo masculino que, sendo de modesta condição social, deveriam ser distinguidos ou por "títulos de cultura ou de honra" ou pelo valor militar mostrado no curso da guerra contra a Líbia, terminada pouco antes. Em outras palavras, não se tratava do reconhecimento de um direito universal, mas de uma recompensa pela prova de coragem e de ardor bélico que haviam dado no decorrer de uma conquista colonial de traços brutais e, por vezes, genocidas.

Em cada caso, também lá onde o sufrágio (masculino) se tornou universal ou virtualmente universal, isso não valia para a Câmara Alta, que continuava a ser apanágio da nobreza e das classes superiores. No Senado italiano, tomavam assento, na qualidade de membros de direito, os príncipes da Casa Savoia: todos os outros eram nomeados vitaliciamente pelo rei, por recomendação do presidente do Conselho. Não era diversa a composição das Câmaras Altas nos diferentes países da Europa que, à exceção da França, não eram eletivas, mas caracterizadas por um entrelaçamento de hereditariedade com nomeação régia. Até no que diz respeito ao Senado da Terceira República francesa, que, mesmo tendo atrás de si uma série ininterrupta de levantes revolucionários que culminaram na Comuna, é notável que fosse composto por eleição indireta e de modo tal a garantir uma super-representação ao campo (e à conservação político-social), em detrimento obviamente de Paris e das maiores cidades, isto é, em detrimento dos centros urbanos considerados focos da revolução. Também na Grã-Bretanha, apesar da sua secular tradição liberal, a Câmara Alta (inteiramente hereditária, excetuados poucos bispos e juízes) não tinha nada de democrático e nítido era o controle exercido pela aristocracia na esfera pública; uma situação não muito diversa daquela que caracterizava a Alemanha e a Áustria. Foi por isso que um ilustre historiador (Arno J. Mayer) falou da persistência do antigo regime na Europa até o primeiro conflito mundial (e a Revolução de Outubro e as revoluções e levantes que se seguiram a ela).

Naqueles anos, nem sequer nos Estados Unidos estavam ausentes os resíduos da discriminação censitária. Com relação à Europa, porém, o antigo regime se apresentava em uma versão diferente: a aristocracia de classe se configurava como uma aristocracia de raça. No Sul do país, o poder estava nas mãos dos antigos proprietários de escravos, que nada haviam perdido da sua arrogância racial ou racista e que não por acaso eram tachados por seus adversários de Bourbons. Certamente, não havia desaparecido o regime celebrado pelos seus apoiadores, por um lado, e criticamente analisado pelos estudiosos contemporâneos, por outro, como um tipo de ordenamento de castas por estar fundado sobre agrupamentos étnico-sociais tornados impermeáveis pela proibição da miscigenação, ou seja, pela proibição das relações sexuais e matrimoniais inter-raciais, severamente condenadas e punidas como suscitadoras de questionamentos à *supremacia branca*.

A DUPLA DIMENSÃO DA DISCRIMINAÇÃO RACIAL

E chegamos assim à terceira grande discriminação, a racial. Antes da Revolução de Outubro, esta estava mais viva que nunca e manifestava a sua vitalidade de dois modos. No âmbito global, o mundo se caracterizava, a partir da análise de Lênin, pelo domínio incontestável de "poucas nações eleitas" ou por um punhado de "nações-modelo" que atribuíam a si mesmas "o privilégio exclusivo de formação do Estado", negando-o à vasta maioria da humanidade, aos povos estranhos ao mundo ocidental e branco, e, portanto, indignos de se constituírem como Estados nacionais independentes. E assim, as "raças inferiores" eram excluídas em bloco do gozo dos direitos políticos até mesmo pelo fato de serem consideradas incapazes de se autogovernarem, incapazes de escutar e de querer algo no plano político. Tal exclusão era reafirmada em um segundo nível, o nível nacional: na União Sul-Africana e nos Estados Unidos (o país ao qual faremos referência), os povos de origem colonial eram ferozmente oprimidos: não gozavam nem de direitos políticos nem de direitos civis.

Pensemos por exemplo nos linchamentos que, entre os séculos XIX e XX, eram reservados em particular aos negros. Um ilustre historiador estadunidense (Vann Woodward) nos deu uma descrição seca, mas tanto mais eficaz quanto aterrorizante:

> Notícias dos linchamentos eram publicadas em anúncios locais e vagões suplementares eram acrescentados nos trens para os espectadores, algumas vezes milhares, provenientes de localidades a quilômetros de distância. Para assistirem ao linchamento, as crianças podiam gozar de um dia livre nas escolas. O espetáculo podia incluir a castração, o escalpelamento, as queimaduras, o enforcamento, os disparos de arma de fogo. Os *souvenirs* para os adquirentes podiam incluir os dedos das mãos e dos pés, os dentes, os ossos e até os órgãos genitais da vítima, assim como postais ilustrados do evento.

Vemos que aqui não opera a democracia fabulada pela historieta edificante da qual falei no início, mas sim aquela que eminentes estudiosos estadunidenses têm definido como *Herrenvolk democracy*: uma democracia reservada exclusivamente ao povo dos senhores, o qual exerce uma aterrorizante *white supremacy* não só sobre os povos de origem colonial (afro-estadunidenses, asiáticos e outros), mas às vezes também sobre os imigrantes provenientes de países (como a Itália) considerados de duvidosa pureza racial.

Ainda nos anos 1930, os negros, que no curso da Primeira Guerra Mundial foram chamados a combater e a morrer pela "defesa" do país, continuavam a suportar um regime de terror que, ao mesmo tempo, funcionava como uma repugnante sociedade do espetáculo. São eloquentes os títulos e as crônicas dos jornais locais da época. Reproduzimo-los da antologia *100 Years of Lynchings* [100 anos de linchamentos], editada por um estudioso afro-estadunidense, Ralph Ginzburg: "Grandes preparativos para o linchamento desta noite". Nenhum pormenor deveria ser negligenciado: "Teme-se que disparos de arma de fogo dirigidos ao negro possam errar o alvo e atingir espectadores inocentes, entre os quais se incluem mulheres com os seus filhos nos braços"; mas, se todos respeitarem as regras, "ninguém ficará desapontado". A inédita sociedade do espetáculo procedia de modo implacável. Vejamos outros títulos: "Linchamento realizado quase como previsto no anúncio publicitário"; "a multidão aplaude e ri pela horrível morte de um negro"; "coração e genitais extirpados do cadáver de um negro".

Sofriam os linchamentos não apenas os negros culpados de "estupro" ou, na maioria das vezes, de relações sexuais consensuais com uma mulher branca. Bastava muito menos para ser condenado à morte. O jornal *Atlanta Constitution* de 11 de julho de 1934 informava a execução de um negro de 25 anos "acusado de ter escrito uma carta 'indecente e insultante' a uma jovem branca do condado de Hinds"; nesse caso, "a multidão de cidadãos armados" estava satisfeita de ter enchido de bala o corpo do infeliz. No mais, além dos "culpados", a morte, infligida de modo mais ou menos sádico, assombrava até mesmo os suspeitos. Continuemos a consultar os jornais da época e a ler os seus títulos: "Absolvido pelo júri, depois linchado"; "Suspeito enforcado em um carvalho na praça pública de Bastrop"; "Linchado o homem errado". Enfim, a violência não se limitava aos responsáveis ou ao suspeito de um delito a ele atribuído: antes de realizar o seu linchamento, também incendiavam a casa em que habitava a sua família.

Deve-se acrescentar que a terceira grande discriminação terminava atingindo também certos membros e certos setores da mesma casta ou raça privilegiada. Ainda lendo a antologia relativa aos cem anos de linchamentos nos Estados Unidos, encontramos no título de um artigo do *Galveston Tribune* (do Texas) de 21 de junho de 1934: "Uma jovem branca é encarcerada, seu amigo negro é linchado". Sobre aquela jovem branca, o regime de terror da *white supremacy* se abatia duplamente: privando-a de sua liberdade pessoal e atacando-a pesadamente por seus afetos.

Movimento comunista e luta contra a discriminação racial

Em qual direção, para qual movimento e para qual país olhavam as vítimas de tal horror, em busca de solidariedade e inspiração para a luta de resistência e de emancipação? Não é difícil imaginar. Logo após a Revolução de Outubro, os afro-estadunidenses que aspiravam pôr em xeque o jogo da *white supremacy* eram frequentemente acusados de bolchevismo, mas pronta era a réplica de um militante negro que não se deixava intimidar: "Se lutar pelos nossos direitos significa ser bolchevique, então eu sou bolchevique e os demais que se calem de uma vez por todas".

Eram os anos em que os negros se tornavam militantes do Partido Comunista dos Estados Unidos ou que visitavam a Rússia soviética, vivendo uma experiência inédita e emocionante: eles se viam finalmente reconhecidos na sua dignidade humana; em igualdade com seus companheiros, poderiam participar da criação de um mundo novo. Compreende-se agora por que motivo eles viam Stálin como um "novo Lincoln", o Lincoln que teria posto fim, desta vez concreta e definitivamente, à escravidão dos negros, à opressão, à degradação, à humilhação, à violência e aos linchamentos que continuavam a sofrer. Não há por que se surpreender com essa visão. Tenha-se em mente que, por um longo tempo – no período em que a discriminação racial e o regime de supremacia branca reinavam quase imperturbáveis no interior dos Estados Unidos e também mundialmente nas relações entre metrópoles capitalistas e colônias –, o termo "racismo" teve uma conotação positiva, como sinônimo de compreensão sóbria e científica da história e da política, uma compreensão científica que só os ingênuos (especialmente socialistas ou comunistas) se obstinavam a ignorar ou a questionar.

Quando começou a transformação na história dos afro-estadunidenses? Em dezembro de 1952, o ministro estadunidense da Justiça enviava à Suprema Corte, chamada a discutir a questão da integração na escola pública, uma carta eloquente: "A discriminação racial alimenta a propaganda comunista e suscita dúvidas também entre as nações amigas sobre a intensidade de nossa devoção à fé democrática". Até por razões de política externa, era necessário estabelecer a inconstitucionalidade da segregação e da discriminação antinegra. Washington – observa o historiador estadunidense Vann Woodward, que reconstrói tal evento – corria o perigo de se distanciar das "raças de cor" não só no Oriente e no Terceiro Mundo mas no coração mesmo dos Estados Unidos: também aqui a propaganda comunista obtinha um considerável sucesso na sua tentativa de ganhar os negros para a "causa revolucionária", abalando sua "fé nas instituições estadunidenses". Em outras palavras, não seria possível conter a subversão comunista sem pôr fim ao regime da *white supremacy*. E, assim, a luta engajada do movimento comunista e o medo do comunismo cumpriram, nos Estados Unidos (e depois na África do Sul), um papel essencial na revogação da discriminação racial e na promoção da democracia.

Neste ponto se impõe uma reflexão. As opiniões políticas de qualquer um de nós podem ser as mais diversas. E, todavia, quem queira fundamentar as suas afirmações em uma reconstrução, elementar que seja, da história, deve reconhecer um ponto essencial: a historieta edificante da qual falamos no início, que continua a ser apregoada pela ideologia dominante, não é mais que uma historieta. Se por *democracia* entendemos ao menos o exercício do sufrágio universal e a superação das três grandes discriminações, é claro que essa não pode ser considerada anterior à Revolução de Outubro e não pode ser pensada sem levar em conta a influência que esta última exerceu mundialmente.

A discriminação racial nos Estados Unidos e no Terceiro Reich

Se, por um lado, incitava as suas vítimas a criar esperanças no movimento comunista e na União Soviética, por outro, o regime da *white supremacy* vigente nos Estados Unidos e no mundo suscitava a admiração do movimento nazista. Em 1930, Alfred Rosenberg, que depois se tornaria o teórico mais ou menos oficial do Terceiro Reich, celebrava os Estados Unidos, com o olhar voltado principalmente ao Sul, como um "esplêndido país do futuro" que havia tido o mérito de formular a feliz "nova ideia de um Estado racial", ideia que se tratava agora de concretizar "com força juvenil", sem parar no meio do caminho. A república estadunidense havia corajosamente chamado a atenção para a "questão negra" e de fato a havia colocado "no vértice de todas as questões decisivas". Assim, uma vez eliminado para os negros, o absurdo princípio da igualdade racial deveria ser liquidado por completo: era necessário efetivar "as necessárias consequências também para os amarelos e os judeus".

Não há dúvida: o regime da *white supremacy* inspirou profundamente o nazismo e o Terceiro Reich. Foi uma influência que deixou traços profundos também em termos categoriais e linguísticos. Tentemos interrogar-nos acerca dos termos-chave suscetíveis de exprimir clara e concentradamente a carga de desumanização e de violência genocida inerente à ideologia nazista. Não é necessária uma pesquisa muito complexa: *Untermensch* é o termo-chave, que de antemão despoja de qualquer dignidade humana todos os que são destinados a se tornarem escravos a serviço da raça dos senhores ou a serem aniquilados como agentes patogênicos, culpados de fomentar a revolta contra a raça dos senhores e contra a civilização enquanto tal. Eis que o termo *Untermensch*, que cumpre um papel tão central e nefasto na teoria e na prática do Terceiro Reich, não é senão a tradução do estadunidense *Under Man*! Reconhece-o Rosenberg, que exprime a sua admiração pelo autor estadunidense Lothrop Stoddard: cabe a este o mérito de ter sido o primeiro a cunhar o termo em questão, que se destaca como subtítulo (*The Menace of the Under Man*) de um livro publicado em Nova York em 1922 e da sua versão alemã (*Die Drohung des Untermenschen*), surgida três anos depois. No que diz respeito ao seu significado, Stoddard esclarece que se refere à massa dos "selvagens e bárbaros", "essencialmente incapazes de civilidade e seus inimigos incorrigíveis", com os quais é necessário realizar um radical acerto de contas, se se quer evitar o perigo iminente do colapso da civilização. Elogiado, antes ainda que por Rosenberg, por dois presidentes estadunidenses (Harding e Hoover), Stoddard é sucessivamente recebido com todas as honras em Berlim, onde encontra não só os expoentes mais ilustres da eugenia nazista mas também a mais alta hierarquia do regime, incluindo Adolf Hitler – já investido em sua campanha de dizimação e escravização dos "indígenas" ou dos *Untermenschen* da Europa oriental e empenhado nos preparativos para o aniquilamento dos *Untermenschen* judeus, considerados os insanos inspiradores da Revolução Bolchevique e da revolta dos escravos e dos povos coloniais.

Bem longe de poderem ser assimiladas como inimigas mortais da democracia, a União Soviética e a Alemanha hitlerista estão colocadas historicamente em posições contrapostas: a primeira teve um papel de vanguarda na luta contra a terceira discriminação (a racial), enquanto a segunda se distinguiu no empenho para radicalizar e eternizar a terceira grande discriminação e, ao fazer isso, invocou o exemplo constituído pelos Estados Unidos. Na sua complexidade, a análise histórica obriga a reconhecer a contribuição essencial ou decisiva fornecida pelo movimento surgido da Revolução de Outubro para a superação das três grandes discriminações e, portanto, para a realização de um princípio iniludível da democracia.

Um incompleto processo de democratização

Convém agora fazer uma última pergunta: as três discriminações estão hoje completamente desaparecidas? Já há muitos anos um eminente historiador estadunidense, Arthur Schlesinger Jr., que foi também conselheiro do presidente John Kennedy, traçava um quadro bem pouco lisonjeiro da democracia em seu país: "A ação política, uma vez fundada no ativismo, funda-se agora na disponibilidade financeira". Dados os "custos assustadoramente altos das recentes campanhas eleitorais", delineava-se claramente a tendência a "limitar o acesso à política àqueles candidatos que têm fortunas pessoais ou que recebem dinheiro de comitês de ação política", ou dos "grupos de interesses" e *lobbies* vários. Em outras palavras, era como se a discriminação censitária, expulsa pela porta, retornasse pela janela. Tomemos nota: a campanha neoliberal contra os "direitos sociais e econômicos", solenemente proclamados e sancionados pela Organização das Nações Unidas (ONU) em 1948 e denunciados por Friedrich August von Hayek como expressão da influência (por ele considerada ruinosa) da "revolução marxista russa", acabou atingindo também os direitos políticos.

No ato de acusação contra a Revolução de Outubro, formulado pelo patriarca do neoliberalismo (e Prêmio Nobel de Economia em 1974), pode-se e deve-se ler um grande reconhecimento. Aquela revolução contribuiu para a realização dos direitos econômicos e sociais e sua edificação também no Ocidente; não por acaso, nos nossos dias, o desmantelamento do Estado social na própria Europa corresponde à ausência do desafio do movimento comunista, resultando no reaparecimento da discriminação censitária em novas formas.

E o que dizer das outras duas grandes discriminações? Certamente, a história não é o eterno retorno do idêntico, como pretendia Nietzsche. Seria errado e enganoso ignorar as mudanças de contexto e os resultados conseguidos pela luta de emancipação. Nos nossos dias, ninguém ousaria defender o racismo e proclamar em voz alta a necessidade de defender ou restabelecer a *white supremacy*. Não devemos esquecer, porém, que, historicamente, um aspecto essencial da terceira grande discriminação foi a hierarquização dos povos e das nações. Isso foi bem compreendido por Lênin, que vimos definir o imperialismo como a pretensão de "poucas nações eleitas" ou de poucas "nações-modelo" de reservarem exclusivamente para si o direito de se constituir em Estado nacional independente. Foi abandonada de uma vez por todas tal pretensão? Por ocasião dos graves conflitos políticos e diplomáticos, o Ocidente e em particular o seu país-guia se dirigem ao Conselho de Segurança da ONU para que autorize a intervenção militar por eles preconizada ou programada; mas, ao mesmo tempo, declaram que, também na ausência dessa autorização, estes se reservam o direito de desencadear soberanamente a guerra contra este ou aquele país. É evidente que, arrogando-se o direito de declarar superada a soberania de outros Estados, os países ocidentais se atribuem uma soberania dilatada e imperial, a ser exercida além do próprio território nacional, enquanto, para os países por eles tomados como alvo, o princípio da soberania estatal é declarado superado ou destituído de valor. Sob uma nova forma, reproduz-se a dicotomia (nações eleitas e realmente providas de soberania *versus* povos indignos de se constituírem em Estado nacional autônomo) que é própria do imperialismo e do colonialismo. Com a força das armas, continua sendo invocado o princípio da hierarquização dos povos e das nações.

No caso dos Estados Unidos, essa pretendida hierarquia é proclamada em alta voz e é mesmo religiosamente transfigurada. Em setembro de 2000, ao conduzir a campanha eleitoral que o levou à presidência, George W. Bush enunciava um conveniente dogma: "A nossa nação foi eleita por Deus e tem o mandato da história para ser o modelo para o mundo". É um dogma bem arraigado na tradição política estadunidense. Bill Clinton havia inaugurado o seu primeiro mandato presidencial com uma proclamação ainda mais enfática do primado dos Estados Unidos e do direito-dever de dirigir o mundo: "A nossa missão é eterna"!

Dir-se-ia que a *white supremacy* é substituída pela *western supremacy* ou a *American supremacy*. O que resta é que o princípio da hierarquia dos povos e das nações segue inalterado, uma hierarquização natural, eterna e até consagrada pela vontade divina, como na monarquia absoluta do Antigo Regime! Ao menos no que diz respeito à sua dimensão internacional, a terceira grande discriminação não desapareceu. Dito de outro modo, pelo menos no que diz respeito às relações internacionais, estamos bem longe da democracia. O processo de democratização iniciado com a Revolução de Outubro está ainda bem longe da sua conclusão.

CRÍTICA AO LIBERALISMO, RECONSTRUÇÃO DO MATERIALISMO
Entrevista por Stefano G. Azzarà*

Stefano G. Azzarà: Professor Losurdo, o seu livro *Contra-história do liberalismo*[1] está obtendo um notável sucesso no mundo anglo-saxão. Mesmo um jornal que é referência internacional do neoliberalismo, o *Financial Times*, dedicou-lhe uma resenha muito atenta, demonstrando saber dialogar mesmo com posições extremamente críticas. Em outros ambientes culturais, no entanto, o *establishment* liberal não manifestou a mesma disposição. Na Itália, por exemplo, o *Corriere della Sera* parecia quase irritado com o sucesso de um texto que questiona a tradição liberal em seu núcleo conceitual mais profundo. De que dependem essas diferentes reações?

Domenico Losurdo: Obviamente o provincianismo tem seu peso. Mas não devemos perder de vista outros fatores, talvez mais importantes. Em uma tentativa de identificá-los, voltemos a examinar a história dos Estados Unidos, a partir de um texto clássico do liberalismo italiano: Guido De Ruggiero, *História do liberalismo europeu*. Deparamo-nos com a Guerra de Secessão e a consequente abolição da escravidão. Salta logo aos olhos que essa instituição é mencionada apenas no momento da sua abolição; é totalmente ignorado o papel da escravidão em um país que encarnou a tradição liberal e que, nas primeiras décadas de sua existência, teve como presidentes quase sempre proprietários de escravos. Como explicar essa abordagem singular? Polemizando contra a

---

* Tradução por Giulio Gerosa. Publicado primeiro em português na revista *Crítica Marxista*, n.35, p.153-169, 2012. Original em francês em Stefano G. Azzarà, *L'Humanité commune, dialectique hegelienne, critique du libéralisme et reconstruction du matérialisme historique chez Domenico Losurdo* (Paris: Delga, 2011).

[1] Edição brasileira: trad. Giovanni Semeraro, Aparecida, Ideias & Letras, 2006.

ditadura fascista, De Ruggiero contrapõe a tradição político-liberal, por ele evocada com nobre paixão civil mas também com tons tendencialmente hagiográficos: o liberalismo configura-se como a "religião da liberdade", da qual já falava Benedetto Croce. A distância espacial e temporal auxilia o processo de transfiguração hagiográfica. Em países, porém, como a Inglaterra e os Estados Unidos, a ideologia dominante pode certamente continuar a cultivar os mitos genealógicos que acompanham e promovem uma política imperial. No entanto, nos círculos mais cultos e mais despidos de preconceitos, há muita familiaridade com o liberalismo real e com as suas efetivas práticas de governo, para que possamos prosternar-nos acriticamente perante a presumível "religião da liberdade". É preciso também considerar outra circunstância, que questiona desta vez a esquerda. Paradoxalmente, nos países do Ocidente, justamente onde mais forte se fazia sentir a presença da tradição liberal, os marxistas têm mostrado uma subordinação substancial em relação a ela. Há dois séculos, essa tradição gosta de se apresentar como a guardiã em todos os casos da liberdade do indivíduo em sua esfera privada, da "liberdade moderna" (Constant), da "liberdade negativa" (Berlin). Limitando-se a criticar o caráter "abstrato" e "formal" de tal liberdade, muitas vezes no Ocidente os marxistas acabaram por subscrever implicitamente a sutil autoapologética, com base na qual os liberais se pavoneiam de serem os campeões da liberdade individual, por mais "abstrata" e "formal" que esta possa ser considerada. Tendo como ponto de partida a necessidade de uma ideia de liberdade que não ignore as condições materiais de vida, o meu livro empenha-se logo em demostrar que, em relação à "liberdade moderna", ou à "liberdade negativa", por eles proclamada como irrenunciável, os liberais têm implementado continuamente cláusulas macroscópicas de exclusão em detrimento dos povos coloniais, ou de origem colonial, e muitas vezes dos próprios trabalhadores assalariados da metrópole. Meu movimento surpreende e desorienta certo marxismo ocidental, mas talvez gere menos escândalo em países nos quais nenhum livro de história pode ignorar a tragédia dos negros (Estados Unidos) ou dos irlandeses (Reino Unido), cada qual privado há séculos também da "liberdade moderna", ou seja, da "liberdade negativa".

S.A.: O livro *Contra-história do liberalismo* muda profundamente a imagem do liberalismo à qual estamos acostumados. Ele explica que este, em suas origens, era essencialmente uma teoria do autogoverno da *societas civilis*, entendendo com esse termo as camadas da aristocracia e dos proprietários. O liberalismo, portanto, envolve o surgimento simultâneo da distinção entre um "espaço sagrado" dos "livres" – que se reconhecem entre si como iguais e para os quais vale o governo da lei – e um "espaço profano", reservado para as classes ou as raças inferiores, em relação às quais, no entanto, não parece haver limite para o exercício da violência por parte daqueles que detêm o poder legítimo ou a força material. Foi a colisão com a realidade histórico-política – a ascensão das classes mais baixas e o início do processo de descolonização –, junto ao confronto conflituoso com outras tradições filosóficas e políticas, tais como o radicalismo e o socialismo, que solicitaram uma mutação na chave democrática do liberalismo. Hoje, no entanto, no momento em que essas tradições antagônicas parecem ter sido derrotadas, estamos assistindo a um recuo do próprio liberalismo e a um *revival* de instâncias que poderíamos definir como protoliberais, instâncias que manifestam com frequência uma relação mal resolvida com a democracia e com a ideia de igualdade, tanto dentro de cada nação como no cenário internacional. Sobretudo esta última vertente oferece pontos de reflexão muito interessantes, porque, depois de 1989 e do fim da Guerra Fria, se iniciou um processo de redefinição das fronteiras geopolíticas do "espaço sagrado" da civilização. E, entretanto, parece-me que o próprio pensamento liberal, mesmo se movendo a partir de um objetivo fundamentalmente comum, divide-se sobre essa questão. Por um lado, temos as posições "idealísticas" de quem mantém firme o conceito de exportação da democracia, desde Bush Jr. até Obama e os respectivos *think tanks*; por outro lado, temos diversos autores – penso, por exemplo, em Samuel P. Huntington – que não hesitam em admitir que o universalismo ocidental é, na realidade, uma forma de ideologia de guerra, e as afirmações cínicas do particularismo e do primado da força lhe substituem...

D.L.: Eu distinguiria entre homens do Estado, de um lado, e intelectuais, do outro. Quando se trata de exportar a democracia à mão armada, ocorre em primeiro lugar fazer referência ao presidente estadunidense Wilson, que promove a intervenção do seu país na Primeira Guerra Mundial como uma contribuição essencial para a difusão em larga escala da "liberdade política" e da "democracia" e, consequentemente, a promoção da "paz definitiva do mundo". Os tons utilizados são baseados numa ideologia que hoje definiríamos como fundamentalista: trata-se de conduzir uma "guerra santa, a mais santa de todas as guerras". No entanto, imediatamente após a intervenção, em uma carta ao coronel House, assim Wilson se expressa sobre os próprios "aliados": "Quando a guerra estiver terminada, poderemos submetê-los à nossa maneira de pensar pelo fato de que, entre outras coisas, estarão financeiramente em nossas mãos".

Em outras palavras, para homens de Estado, o idealismo mais exaltado pode muito bem andar de mãos dadas com a *Realpolitik*. Isso é válido para Wilson, assim como, em maior ou menor grau, para os diversos expoentes da tradição wilsoniana. Para os homens de Estado, vale aquilo que Marx observa a propósito dos empreendedores: uns e outros estão muito ocupados na produção material, ou seja, no desenvolvimento das suas funções políticas, para se dedicarem às abstrações típicas dos grupos ideológicos em sentido estrito.

É correto chamar a atenção sobre Huntington, mas precisamos compará-lo com intelectuais como Bobbio e Habermas. Huntington, colaborador assíduo de uma revista próxima ao Departamento de Estado, a *Foreign Affairs*, analisa sem disfarce a Guerra do Golfo de 1991: "O desafio era determinar se boa parte das maiores reservas mundiais de petróleo iria ser controlada pelos governos sauditas e os emirados – cuja segurança estava entregue ao poder militar ocidental – ou por regimes independentes antiocidentais, capazes e talvez decididos a usar a arma do petróleo contra o Ocidente". Felizmente, agora o Golfo Pérsico "tornou-se um lago estadunidense". E então vejamos Bobbio. A palavra "petróleo" nunca aparece em suas análises. Alguns anos mais tarde, em 1999, é a vez da guerra contra a Iugoslávia. E novamente: na imprensa ocidental menos diretamente envolvida na propaganda da ideologia de guerra, liam-se artigos e comentários que sublinhavam a importância geopolítica dos Bálcãs (e da enorme base militar instalada pelos Estados Unidos imediatamente após a vitória) ou que chamavam a atenção para a natureza benéfica da lição transmitida à Iugoslávia ("O lado bom que emerge do Kosovo é que agora o mundo pode perceber uma coisa: a Organização do Tratado do Atlântico Norte (Otan) pode e deseja fazer o que é necessário para defender os seus interesses vitais", assim afirmou Joseph Fitchett[2]). Nada disso estava em Bobbio, que se limitava a celebrar a sublimidade da liberdade, da democracia e da moral! Chegaram depois as *no fly zones* e os bombardeios recorrentes sobre o Iraque que resultam, em 2003, na segunda Guerra do Golfo. E mais uma vez se verifica o espetáculo que já conhecemos...

Desaparecem regularmente em Bobbio (e em Habermas) a contenda geopolítica, a geoeconômica e o cálculo da *Realpolitik*: vemos se enfrentarem-se exclusivamente a liberdade e a ditadura, a ordem internacional e os tiranos fora da lei. As opções políticas dos dois filósofos (italiano e alemão) não são

---

[2] Joseph Fitchett "Clark Recalls 'Lessons' of Kosovo", *International Herald Tribune*, 3 maio 2000, p. 4.

diferentes daquelas do cientista político estadunidense (Huntington). Em Bobbio e em Habermas, o Ocidente e os Estados Unidos se tornam a expressão da universalidade jurídica e moral enquanto tal, de modo que seus inimigos se configuram como inimigos não de um único país ou de uma determinada aliança político-militar, mas da universalidade jurídica e moral e, enquanto tais, sofrem assim um processo mais ou menos acentuado de criminalização.

Pela perspectiva do bloco dominante, ambos os tipos de intelectuais resultam úteis ou preciosos: aqueles mais atentos à prática real da gestão do poder e da condução da política interna e externa, e os envolvidos na construção de um mundo ideal de normas e valores, a partir do qual (aparentemente) deveriam ser julgados os acontecimentos concretos e cada personalidade política. Vale a pena, no entanto, notar as consequências particularmente devastadoras da segunda abordagem: em autores como Bobbio e Habermas, o desdém em relação à empiria geopolítica e geoeconômica e a atenção reservada exclusivamente para as "normas" e os "valores", esse idealismo exaltado, veiculam o maniqueísmo e um suplemento de violência. Como explicar esse resultado paradoxal? Estamos na presença daquilo que Hegel analisa e critica como "empirismo vulgar", ou seja, "empirismo absoluto", e Marx, como "positivismo acrítico". Bobbio e Habermas pretendem mover-se em uma esfera puramente ideal de normas e valores universais. Só que não é possível flutuar no vazio. Somos forçados de alguma maneira a nos apoiarmos em um conteúdo empírico, e eis que, sub-repticiamente, irrompe no discurso aparentemente puro uma determinada tradição cultural, uma determinada civilização, uma determinada perspectiva. E isso tudo, todo esse conteúdo empírico determinado, é agora ungido pelo absoluto e pela universalidade. Tal modo de proceder – observa Hegel – é inaceitável tanto no plano da lógica quanto no da ética. Segundo o ensaio sobre o direito natural, tal modo de proceder se torna culpado por "distorção e fraude" e constitui de fato "o princípio da imoralidade" (*Unsittlichkeit*). Estamos na presença – reafirma em *Fé e saber*[3] – de um "empirismo ético e científico absoluto".

O problema, agora, está em verificar de que forma o exaltado idealismo "ético e científico" de Bobbio e Habermas se transforma em seu contrário. O que produz esse resultado é, em primeiro lugar, a ausência de investigação empírica, ou seja, o seu caráter bastante sumário e limitado. Não se pode compreender o verdadeiro significado de uma guerra atendo-se a generalidades vazias, sem

---

[3] Georg Wilhelm Friedrich Hegel, *Fé e saber* (trad. Oliver Tolle, São Paulo, Hedra, 2007).

analisar o contexto histórico e o contencioso geopolítico e geoeconômico. Além disso, o que produz um efeito devastador é o recurso à lógica binária que Bobbio utiliza com obsessão particular. "Ditadura contra democracia": mas por que o princípio da democracia deve ser invocado apenas nas relações internas de um país e não no âmbito das relações internacionais? Nesse segundo caso, configuram-se claramente, como manifestações de prepotência antidemocrática, as guerras do Ocidente impostas por fora do Conselho de Segurança da Organização das Nações Unidas (ONU). "Normas e valores universais em contraposição ao particularismo da soberania estatal": mas por que não poderia ser considerado como valor universal o respeito à soberania estatal, que pôs fim às guerras de religião e tem evitado incontáveis conflitos, inclusive o holocausto nuclear em que a Guerra Fria ameaçava desaguar?

"Proteção dos direitos do homem contra aqueles que os pisoteiam": mas os direitos do homem são múltiplos e podem ser definidos diversamente; certos países podem ser avaliados positivamente pelo respeito a determinados direitos e não a outros; em alguns países, o respeito – ou a falta de respeito – a certos direitos pode depender do comportamento dos governantes, mas também da situação geopolítica e do contexto internacional (a liberdade de expressão e de associação resulta mais facilitada em um país que não está exposto ao perigo de agressão ou que não deve enfrentar um estado de exceção derivante da miséria ou das desordens civis). E, todavia, entre os direitos do homem, pode bem ser acrescentado o direito de viver em um Estado cuja soberania não esteja à mercê da lei do mais forte. Tudo isso é muito complicado para a lógica binária.

Huntington e aqueles que, na análise de um conflito, fazem intervir os interesses conflitantes estão menos expostos à deriva da lógica binária: os interesses são múltiplos. Mesmo que analisado a partir de uma posição ditada somente pelo empirismo do pertencimento a um país ou a uma civilização determinada, o conflito de interesses revela sempre o enfrentamento de realidades homogêneas e todas afetadas mais ou menos pela particularidade. Ao contrário, o discurso caro a Bobbio (e a Habermas) vê regularmente se chocarem um valor universal e um contravalor, uma norma universal e uma violação criminal de tal norma. A lógica binária atinge o seu ápice e se revela intrinsecamente afetada pelo maniqueísmo.

S.A.: Na comparação entre as grandes áreas geopolíticas e nesse processo de redefinição do "espaço sagrado", um papel muito importante, no plano ideológico e político, é cumprido hoje pela questão dos "direitos humanos" e, de modo geral, pelas instâncias universalistas, como a ideia de democracia, de liberdade, e assim por diante. Em seus livros, com frequência o senhor indagou a dialética do universalismo, que muitas vezes se reverteu em uma forma de legitimação ideológica do intervencionismo, do expansionismo napoleônico até a Primeira Guerra Mundial e mais além. O chamado aos princípios universais preserva ainda hoje essa função? Não existe alternativa para o uso instrumental do conceito de universal?

D.L.: Não se trata somente do "uso instrumental": esse é com certeza um problema sério e, aliás, dramático na era do imperialismo dos direitos humanos e das guerras humanitárias; jamais o "universalismo" tinha assumido uma aparência tão cínica e tão repugnante. E, todavia, é necessário ir mais longe. Estamos na presença de uma dialética objetiva, na qual a universalidade é, por um lado, inelutável e, por outro, potencialmente agressiva. É inelutável pelo fato de que – como observa Hegel – negar a universalidade significa não sustentar "nada de objetivamente comum" no relacionamento entre os homens, de modo que, para a solução de cada conflito, resta apenas a violência. Porém, os mais ásperos críticos da universalidade terminam, de fato, por pressupô-la. É verdade: a ideologia consiste em atribuir a forma da universalidade a conteúdos e interesses empíricos determinados, que assim resultam, desse modo, transfigurados. Mas, sobre a categoria de universalidade, não se pode deixar de fazer referência à própria crítica da ideologia, que consiste, de fato, na denúncia da "pseudouniversalidade", da potencialização arbitrária e sub-reptícia ao *status* de universal de um particular determinado e muitas vezes viciado. A condenação do abuso de poder, exercido em detrimento de um indivíduo ou de um grupo social ou étnico, é a denúncia da exclusão desse indivíduo ou grupo de uma universalidade que assim se revela ilusória ou mistificadora. Quer dizer, tal condenação pressupõe o reconhecimento da dignidade de cada indivíduo; não é possível remeter a uma determinada ideologia universalista sem recorrer a uma "metauniversalidade", a uma universalidade mais rica e mais real. Não procedem assim também os militantes afro-estadunidenses quando acusam o Ocidente de ter tomado o branco e o ocidental como o ser humano em si? E este é o real significado da crítica direcionada pelas feministas, por exemplo, para a Declaração dos Direitos que surgiu a partir da Revolução Americana: é evidente que o homem de que esta fala, longe de ser o ser humano em si e na sua universalidade, é na realidade o macho branco e proprietário. Todavia, uma observação semelhante pode ser feita a propósito da categoria de mulher em si. Nos Estados Unidos da escravidão e da *white supremacy*, são incontáveis os posicionamentos que, ao condenar os estupros atribuídos a negros, celebram com acentos eloquentes e comovidos a inviolabilidade do corpo feminino. Na realidade, referem-se à mulher branca (e, na maioria das vezes, de elevada condição social), decerto não à escrava ou semiescrava negra que muito dificilmente pode escapar das vontades do proprietário. Mas, mais uma vez, essa crítica do caráter mistificador da universalidade atribuída, em determinados contextos, ao conceito de homem em si ou de mulher em si implica remeter a uma autêntica universalidade ou metauniversalidade.

Ao mesmo tempo, o universalismo é potencialmente agressivo enquanto por si só deslegitima tudo o que não está de acordo com a norma universal. Permanece sempre o risco pelo qual a universalidade se transforma em ideologia, transfigurando de modo ofuscante interesses particulares; em outras palavras, o risco da inversão do universalismo em "empirismo absoluto" está sempre à espreita. Como enfrentar esse risco? Eu já expressei o meu ponto de vista sobre os vícios fundamentais da lógica binária que preside o hodierno imperialismo dos direitos humanos. Para dar outro exemplo, vamos voltar à Guerra de Secessão. Podemos bem dizer que, em última análise, a universalidade era representada pelo Norte, que de alguma forma punha em questão a instituição da escravidão, ou seja, não excluía a abolição, ainda que em um futuro mais ou menos vago. E, todavia, não devemos perder de vista os outros elementos da disputa: a contenda entre as diferentes secções da União para o controle do poder federal e o conflito que contrapunha o Norte industrial, interessado no protecionismo, ao Sul agrícola, danificado por essa política. E, assim, é necessário se libertar da visão ingênua, segundo a qual o universal se contrapõe com nitidez e evidência ao particular e se encarna de modo unívoco em um dos protagonistas do conflito. Há uma razão ulterior que nos impede de ler os acontecimentos históricos evocados aqui como o choque entre valores universais e interesses particulares. Não só a liberdade dos negros, também o *self government* constituem um valor universal; para não mencionar o fato de que, do ponto de vista dos Estados do Sul, a União também havia cometido o erro de pisotear o princípio universal do respeito à propriedade privada (inclusive aquela de escravos negros). Óbvio, hoje deveria estar claro para todos que aquela universalidade invocada pelo Sul estava drasticamente amputada, fundada, em última análise, na desumanização dos negros. Resta, todavia, o fato de que uma grande crise histórica se caracteriza pelo entrelaçamento entre universalidade e interesses empíricos determinados, bem como pela contraposição de universalidades opostas que não são equivalentes entre si – e entre as quais, em uma determinada situação, é preciso escolher.

É por isso que, segundo a indicação de Lênin, somos sempre obrigados a desenvolver uma "análise concreta da situação concreta". O antídoto ao maniqueísmo e ao risco de "empirismo absoluto" implícito no universalismo não é o relativismo, mas sim a dialética. Novamente segundo Lênin: "A dialética, como já explicava Hegel, compreende em si os elementos do relativismo, da negação, do ceticismo, mas não se reduz ao relativismo".

S.A.: Outro livro recente[4] seu que despertou consideráveis polêmicas é aquele sobre Stálin e a "lenda negra", que lhe sanciona a *damnatio memoriae*. Servindo-se de argumentações trazidas por fontes insuspeitas de simpatia por Stálin, o senhor contesta a demonização que lhe foi imposta pela historiografia contemporânea após Khrushchov. Propõe também uma análise na qual Stálin emerge como um líder equilibrado e como o intérprete de uma linha moderada de realismo político que colide com fortes resistências no próprio movimento comunista internacional.

D.L.: O que estimulou meu livro foi, em primeiro lugar, aquilo que poderia ser definido como uma indignação intelectual: como se pode pretender explicar trinta anos de história mundial por meio da "paranoia" que teria afetado o líder do país resultante da Revolução de Outubro? Está difícil sepultar a cultura da Restauração, que, com Franz von Baader, colocava a Revolução Francesa sob a forma da "loucura satanicamente invasiva" que tinha começado a se tornar furiosa em 1789. Mais tarde, a Revolução de 1848 e sobretudo a revolta operária empurram Tocqueville a denunciar a propagação do "vírus de uma espécie nova e desconhecida". É um tema que Taine retoma e radicaliza após a Comuna de Paris. Em suma, não há crise revolucionária ou movimento revolucionário que não tenha sido diagnosticado pela ideologia dominante como expressão de loucura, e loucura sanguinária. O meu livro sobre Stálin se propõe uma refutação da leitura em chave psicopatológica de movimentos revolucionários e, mais em geral, das grandes crises históricas.

O ponto de partida é a historicização da imagem de Stálin. Hoje está na moda marcá-lo como louco e sanguinário e justapô-lo a Hitler. Pode ser então

---

[4] Domenico Losurdo, *Stálin: história crítica de uma lenda negra* (trad. Silvia de Bernardinis, Rio de Janeiro, Revan, 2010).

interessante ver que, na década de 1930, no Sul dos Estados Unidos, onde ainda se enfurecia o regime da *white supremacy*, não eram poucos os afro--estadunidenses que viam em Stálin o "novo Lincoln", o Lincoln que desta vez iria encerrar concreta e definitivamente a escravidão dos negros, a opressão, a degradação, a humilhação, a violência e os linchamentos que eles continuavam a sofrer. Os afro-estadunidenses empenhados na luta pela emancipação não comparavam Hitler e os nazistas a Stálin e aos "stalinistas", mas, sim, à Ku Klux Klan e aos bandos brancos racistas, os campeões do regime da supremacia branca contra o qual lutavam lado a lado os comunistas e os militantes negros (muitas vezes, também eles influenciados pelo movimento comunista). Aos olhos de Gandhi, se houvesse um estadista que poderia ser comparado a Hitler, não seria Stálin, mas, sim, Churchill ("na Índia, temos um governo hitlerista, ainda que camuflado por termos mais brandos").

Gandhi errava, não percebia plenamente a monstruosa radicalização que a tradição colonial conhecia com Hitler. É o movimento comunista liderado por Stálin que ajuda a explicar pacientemente um ponto que não é de fácil compreensão e, aliás, à primeira vista contrário à evidência empírica: embora não dispusesse de um império colonial, a Alemanha hitlerista constituía o principal inimigo também para os povos coloniais; a sua vitória teria constituído um claro reforço e uma ulterior barbarização do regime de supremacia branca em escala planetária, enquanto a sua derrota poderia representar fim definitivo também para o colonialismo clássico (como, depois, de fato ocorre). É também por essa sua lucidez e visão de longo prazo que Stálin, apesar das páginas trágicas e às vezes horríveis de seus trinta anos de governo, consegue ganhar em certos casos a admiração e a estima de grandes intelectuais e de grandes homens políticos (inclusive Churchill e Gandhi).

S.A.: O seu livro sobre Stálin não escandalizou apenas aquela parte do mundo intelectual que se autodefine como liberal e que durante a Guerra Fria havia ativamente tomado partido pelo Ocidente e pelos Estados Unidos. Mesmo dentro da esquerda, as reações foram, em alguns casos, muito negativas. É como se, em nome de estereótipos que se tornaram agora bem enraizados, houvesse uma rejeição da análise histórica rigorosa. Na sua análise, essa regressão histórico--política de uma parte da esquerda tem a ver com certa recepção da própria teoria marxista e com a prática efetiva que o marxismo teve no século XX. Várias vezes, o senhor denunciou o "utopismo", o "messianismo" e a incapacidade de "aprendizagem" que impediu a esquerda de operar análises concretas da realidade. Para chegar à raiz deste déficit teórico, tem-se relacionado essa imaturidade em relação à história e à política a certo preconceito filosófico em relação a Hegel – que também na esquerda ainda é muito interpretado como um teórico do primado do Estado e como um conservador? É como se, por uma larga parte do século XX, se tivesse procurado conjugar Marx com Fichte, mais do que compreender as potencialidades do materialismo histórico e da dialética...

D.L.: Hegel é um inescapável ponto de referência para cada projeto real de emancipação pelo fato de que ele, mais do que qualquer outro, compreendeu e nos ajuda a compreender o que eu defino como o "conflito das liberdades". Trata-se de um conflito que, no âmbito da tradição liberal, foi intuído talvez apenas por Adam Smith. Em uma página, não por acaso esquecida ou removida pela costumeira apologética liberal e pelos autores irremediavelmente trancados na gaiola de ferro da lógica binária, ele observa que a escravidão pode ser suprimida mais facilmente por um "governo despótico" do que por um "governo livre", com os seus organismos representativos exclusivamente reservados, entretanto, aos proprietários brancos. Desesperadora, neste caso, é a condição dos escravos negros: "Cada lei é feita por seus proprietários, os quais jamais deixarão passar uma medida prejudicial a si mesmos". E, por conseguinte: "A liberdade do homem livre é o motivo da grande opressão dos escravos. [...] E, dado que eles constituem a parte mais numerosa da população, nenhuma pessoa dotada de humanidade desejará a liberdade num país em que tenha sido estabelecida esta instituição". Suscita várias reflexões a preferência aqui indiretamente expressa por Smith pelo "governo despótico", o único capaz de eliminar o instituto da escravidão! O conflito diante do qual nos encontramos aqui não é aquele entre liberdade "formal", por um lado, e "substancial", pelo outro, como na vulgata marxista; nem sequer aquele que contrapõe defensores e inimigos da "liberdade negativa". No caso que estamos examinando, os termos do conflito são inteiramente diferentes. Não são postos em discussão nem o valor da liberdade "formal" ou "negativa" nem o valor da liberdade política (e do autogoverno local). No entanto, em uma situação concreta e determinada, a reivindicação da liberdade "negativa", e ainda mais aquela política, resulta em uma insanável contradição com o autogoverno local e com a liberdade política dos proprietários de escravos. Na verdade, muitas décadas mais tarde, no Sul dos Estados Unidos, a escravatura é abolida somente após uma guerra sangrenta e a sucessiva ditadura militar imposta pela União sobre os estados secessionistas e escravagistas. Quando a União renuncia ao punho de ferro, os brancos veem, sim, novamente reconhecido o seu *habeas corpus* e o autogoverno local; no entanto, os negros não só acabam sendo privados dos direitos políticos como também são submetidos a um regime que implica *apartheid*, relações de trabalho semisservis e linchamento, num regime que, na prática, continua a comportar para os ex-escravos a exclusão da liberdade negativa.

O que em Smith é um ponto isolado torna-se em Hegel o fio condutor da leitura do processo histórico em sua totalidade. Isso vale tanto para a história antiga como para a moderna e contemporânea. Limito-me a um exemplo. No âmbito do Antigo Regime, a "liberdade dos barões" comporta a "absoluta servidão" da "nação" e impede a "libertação dos servos da gleba". Por isso, "o povo [...] em todos os lugares foi libertado (*befreit*) mediante a repressão (*Unterdrückung*) dos barões". A aristocracia sente a perda do privilégio como opressão da liberdade (*Unterdrückung der Freiheit*) e como despotismo. Mas, aos olhos de Hegel, se se trata de despotismo, trata-se ainda de um despotismo que constitui uma etapa na história da liberdade. Resta o fato, no entanto, de que é necessário trabalhar para a superação do conflito das liberdades. Essa lição de método não pode ser ignorada se alguém deseja compreender o capítulo da história, exaltante e trágico ao mesmo tempo, iniciado na Revolução de Outubro. Se é justo criticar Marx pela subestimação e, na *vulgata* marxista, a desinibida eliminação do problema da liberdade formal, é todavia sem sentido ignorar o dramático conflito das liberdades (tornado mais áspero por uma intervenção militar e pelo bloqueio econômico patrocinado pelo Ocidente) que pesou sobre o processo concreto de desenvolvimento dos países socialistas e que ainda hoje é sentido, mais ou menos acentuadamente, em países como Cuba ou como a República Popular da China.

Veja-se, em particular, um pequeno país como Cuba. Quem exige imperativamente "eleições livres" é a superpotência que se obstina em torná-las impossíveis: como poderiam ser consideradas "livres" eleições que ocorrem enquanto o povo continua a ter apontada contra a garganta a faca do embargo (e da ameaça de agressão)? Se, apoiando-se na chantagem econômica e militar e em um monstruoso aparelho midiático, Washington conseguisse impor o *regime change* pelo qual trabalha há mais de meio século, haveria talvez uma expansão da liberdade de expressão e de associação. E, porém, ao mesmo tempo, verificaríamos a liquidação dos direitos econômicos e sociais e dos direitos nacionais do povo cubano, com a consagração, em âmbito internacional, do direito do mais forte. Tudo isso somado seria uma derrota da causa da democracia. E, portanto, somente quem ignora o conflito das liberdades pode associar-se às ameaças ou aos sermões que, em nome da "liberdade", os Estados Unidos e o Ocidente endereçam aos dirigentes (e ao povo) de Cuba.

S.A.: Como incide essa fraqueza teórica sobre o estado da esquerda atual? A Europa se confronta hoje com transformações imponentes que estão mudando a configuração do mundo. São transformações que concernem às relações de força internacional no plano político e no econômico, mas também ao equilíbrio entre Estado e mercado, à natureza da democracia, às grandes migrações. Hoje, a esquerda parece não ter nem ideias nem perspectivas políticas.

D.L.: Antes, com a crise, e depois, com o colapso do "socialismo real" no Ocidente (e na Itália em particular), a esquerda perdeu qualquer autonomia real. Historicamente, é dos vencedores, basicamente, que se depreende o balanço histórico do século XX. Dois são os pontos centrais desse balanço: para larguíssima parte da sua história, a Rússia soviética é o país do horror e até mesmo da loucura criminal. A respeito da China, o prodigioso desenvolvimento econômico que ocorre desde o final dos anos 1970 nada tem a ver com o socialismo, mas apenas explica a conversão do grande país asiático ao capitalismo. A partir desses dois pilares, cada tentativa de construir uma sociedade pós-capitalista é objeto de liquidação total e até mesmo de criminalização, e a única possível salvação reside na defesa ou na restauração do capitalismo. É paradoxal, embora com nuances e juízos de valor às vezes diferentes, mas esse balanço muitas vezes é subscrito pela esquerda, incluindo aquela "radical".

Ainda mais grave é a prova de subalternidade que a esquerda oferece no nível mais propriamente teórico. Ao analisar a grande crise histórica que se desenvolve no século XX, a ideologia dominante evita cuidadosamente falar de capitalismo, socialismo, colonialismo, imperialismo, militarismo. Essas categorias são consideradas muito vulgares. Ao invés, os terríveis conflitos e as tragédias do século XX são explicados com o advento das "religiões políticas" (Voegelin), das "ideologias" e dos "estilos de pensamento totalitários" (Bracher), do "absolutismo filosófico", ou seja, do "totalitarismo epistemológico" (Kelsen), da pretensão de "visão total" e de "saber total" que já em Marx produz o "fanatismo da certeza" (Jaspers), da "reivindicação de validade total" avançada pelas ideologias do século XX (Arendt). Se essa é a origem da doença do século XX, o remédio está em nossas mãos: é suficiente apenas uma injeção de "pensamento fraco", de "relativismo" e de "niilismo" (penso em [Gianni]

Vattimo na década de 1980). Dessa forma, não somente a esquerda fornece sua ótima contribuição para a exclusão dos capítulos fundamentais de história: os massacres e os genocídios coloniais foram tranquilamente teorizados e postos em prática em um período de tempo no qual o liberalismo se conjugava frequentemente com o empirismo e o problematicismo. Antes ainda do advento do pensamento forte do século XX, a Primeira Guerra Mundial impôs, com o terror, para toda a população masculina adulta a disponibilidade e a prontidão para matar e ser morto. Além disso, como médico especializado na doença do século XX, Nietzsche, que é frequentemente celebrado e à quem também se atribui o mérito de ter-se oposto "a uma falsidade que dura há milênios", afirma: "Eu fui o primeiro a descobrir a verdade, mesmo porque fui o primeiro a sentir a mentira como mentira, a cheirei" (*Ecce homo*, "Porque eu sou um destino"). A ideia de verdade é tão enfática que aqueles que hesitam em aceitá-la devem ser considerados loucos: sim, trata-se de acabar com as "doenças mentais" e com o "manicômio de inteiros milênios" (*O anticristo*, § 38). Além disso, o suposto campeão do "relativismo" não hesita em lançar palavras de ordem como ultimatos: defesa da escravidão como fundamento inevitável da civilização; "aniquilação de milhões de malogrados"; "aniquilação das raças decadentes"! A plataforma teórico-política sugerida em seu tempo por Vattimo – mas que o próprio Vattimo põe hoje em discussão – parece-me insustentável sob qualquer ponto de vista.

Outras correntes do pensamento dominante indicam o remédio para as tragédias do século XX não no relativismo, mas, pelo contrário, na recuperação da solidez das normas morais, sacrificadas por comunistas e nazistas sobre o altar do maquiavelismo e da *Realpolitik* (Aron e Bobbio), ou seja, da filosofia da história e da suposta necessidade histórica (Berlin e Arendt). Na esquerda e na própria esquerda radical (pense-se no *Império* de Hardt e Negri), sobretudo Arendt tornou-se um ponto de referência. Removida ou subscrita é a liquidação que ela faz de Marx e da Revolução Francesa com a simultânea celebração da Revolução Americana (e a consequente homenagem indireta ao mito genealógico que transfigura os Estados Unidos em "império pela liberdade", segundo a definição cara a Jefferson, que, no entanto, era proprietário de escravos). Neste caso, ainda mais ensurdecedor é o silêncio sobre a tradição colonialista e imperialista por trás das tragédias do século XX. Arendt condena a ideia de necessidade histórica na Revolução Francesa, mas sobretudo em Marx e no movimento comunista. Esquece, porém, que o movimento comunista se formou no decorrer da luta contra a tese do caráter ineludível e providencial da sujeição e, por vezes, da aniquilação das "raças inferiores" por obra do Ocidente; formou-se no decorrer da luta contra o "partido do destino", segundo a definição cara a Hobson, o crítico inglês do imperialismo, lido e apreciado por Lênin. Arendt contrapõe negativamente a Revolução Francesa, desenvolvida sob a insígnia da ideia de necessidade histórica, à Revolução Americana, que triunfa sob a insígnia da ideia de liberdade. Na verdade, a ideia de necessidade histórica atua com modalidades diferentes em ambas as revoluções: se na França é considerada inelutável a emancipação dos escravos, que é de fato sancionada pela convenção jacobina, nos Estados Unidos o tema do *Manifest Destiny* consagra a conquista do Oeste, implacável apesar da relutância e da resistência dos peles-vermelhas, já aos olhos de Franklin destinados pela "Providência" a serem varridos da Terra.

Arendt morre em 1975, ainda sem completar setenta anos. Nessa morte precoce, há um elemento paradoxal de sorte no plano filosófico. Somente mais tarde os desenvolvimentos históricos que falsificam totalmente a plataforma teórica da filósofa desaparecida intervêm: a partir do governo Reagan, são os próprios Estados Unidos a empunhar a bandeira da filosofia da história contra a União Soviética, e os países que se remetem ao comunismo destinados a acabar na "lixeira da história" e, todavia, colocados – em nossos dias, Obama e Hillary Clinton o proclamam – "do lado errado da história". Mais longevos, mas menos afortunados no plano filosófico, são os devotos de Arendt, que continuam a repetir a velha cantiga de roda, sem perceber a radical reversão de posições que nesse meio-tempo ocorreu no plano mundial.

Subalterna no plano do balanço histórico, assim como no das categorias filosóficas, a esquerda (incluindo aquela radical) é claramente incapaz de realizar uma "análise concreta da situação concreta". Ainda mais se tivermos em mente que uma manobra desastrosa – aquela que contrapõe negativamente o "marxismo oriental" ao "marxismo ocidental" – contribuiu ulteriormente para a catástrofe teórico-política. Por trás desse movimento, age uma longa e infausta tradição. Na Itália, logo após a Revolução de Outubro, Filippo Turati, que continua professando o marxismo, não consegue ver nos soviets nada mais do que a expressão política de uma "horda" bárbara (estranha e hostil ao Ocidente). A partir dos anos 1970, a bifurcação entre os marxistas orientais e os ocidentais viu se contraporem, por um lado, marxistas que exercem o poder e, por outro, marxistas que estão na oposição e que se concentram sempre mais sobre a "teoria crítica", sobre a "desconstrução", ou melhor, na denúncia do poder e das relações de poder enquanto tais e que, progressivamente, em sua distância do poder e da luta pelo poder, acreditam individuar a condição privilegiada para a redescoberta do marxismo "autêntico". É uma tendência que hoje atinge seu ápice na tese formulada por Holloway, segundo a qual o problema real é "mudar o mundo sem tomar o poder"! A partir de tais pressupostos, o que se pode compreender de um partido como o Partido Comunista Chinês – que, gerenciando o poder em um país-continente, o liberta da dependência econômica (além de política) e do subdesenvolvimento e da miséria de massa, e fecha o longo ciclo histórico caracterizado pela sujeição e aniquilação das civilizações extraeuropeias por obra do Ocidente colonialista e imperialista –, que declara, ao mesmo tempo, que tudo isso é apenas a primeira etapa de um longo processo sob a insígnia da construção de uma sociedade pós-capitalista?

S.A.: Em outra intervenção recente, o senhor se ocupa da tradição do pacifismo e da não violência. Na verdade, esse tem sido o terreno sobre o qual, nas últimas décadas, a esquerda tentou empreender um processo de renovação. O senhor, porém, parece ser muito crítico em relação a esse esforço e em relação ao modo como a experiência pacifista foi assimilada.

D.L.: A releitura do movimento indiano de independência foi uma ocasião rica para repensar a história do século XX e ridicularizar a tentativa levada adiante pelo revisionismo histórico de liquidar e criminalizar a tradição revolucionária. No início, Gandhi não cultiva minimamente a ideia de uma emancipação generalizada dos povos coloniais; mira apenas a cooptação de seu povo entre as raças dominantes. E, em busca desse objetivo, ele chama a atenção para a antiga civilização e até mesmo para as raízes "arianas" do povo indiano, de tal modo que não seria lícito confundi-los com os "grosseiros cafres", com os negros aprisionados na barbárie. Além da brutalidade do domínio colonial britânico, o que estimula a mudança do objetivo de Gandhi da cooptação exclusivista para aquele da emancipação generalizada é a Revolução de Outubro, que põe em crise a ideia de hierarquia racial e imprime um poderoso desenvolvimento ao movimento anticolonialista em todo o mundo. Em junho de 1942, Gandhi, mais maduro, expressa a sua "profunda simpatia" e a sua "admiração pela luta heroica e os infinitos sacrifícios" do povo chinês, decidido a defender (com armas na mão) "a liberdade e a integridade" do país. É uma declaração contida em uma carta dirigida a Chiang Kai-shek, que, naquele momento, se aliava ao Partido Comunista Chinês. Pouco mais de três anos depois, efetuada quando o Japão estava à beira da capitulação, a destruição de Hiroshima e Nagasaki marcou o fim da Segunda Guerra Mundial, mas ressoou, ao mesmo tempo, como um aviso ameaçador para a União Soviética. Gandhi considerava o uso da arma atômica contra a população civil de cidades indefesas como sinônimo de "hitlerismo" e de "métodos hitleristas". Em setembro de 1946 – entrementes Churchill abria oficialmente a Guerra Fria com o seu discurso em Fulton –, Gandhi se mostrava cético a propósito das acusações de expansionismo dirigidas à União Soviética, em consideração também ao fato de que aquele país e aquele "grande povo" eram dirigidos por "um grande homem como Stálin". A homenagem é aqui dirigida, sobretudo, ao protagonista de Stalingrado: o líder indiano se revela consciente do vínculo entre a derrota sofrida pelo Terceiro Reich – e mais em geral pelos três países (Alemanha, Itália e Japão) que mais se empenharam no relançamento da tradição colonial –, o desenvolvimento do movimento anticolonialista mundial e a conquista da independência por parte da Índia (formalmente sancionada no ano seguinte).

Tudo isso é esquecido pelo *revival* de Gandhi para a esquerda, assim como largamente esquecida ou removida é a firme atitude antissionista do líder independentista indiano, que já em 20 de novembro de 1938 não hesita em condenar a colonização sionista da Palestina como "incorreta e desumana" e contrária a qualquer "código moral de conduta".

Colocando-se plenamente no rastro da ideologia dominante, os revivalistas de esquerda preferem, em vez disso, contrapor a "não violência" de Gandhi à "violência" de Lênin. Esquecem-se ou ignoram que, por ocasião da Primeira Guerra Mundial, o primeiro se propõe a recrutar 500 mil soldados indianos para o Exército britânico. Nessa obra, compromete-se com tanto zelo que escreve ao secretário pessoal do vice-rei: "Tenho a impressão de que, se eu me tornasse o vosso recrutador-chefe, poderia trazer-vos mais homens". E dirigindo-se, seja aos próprios compatriotas, seja ao vice-rei, Gandhi insiste de modo até obsessivo sobre a disponibilidade ao sacrifício que um povo inteiro é chamado a demonstrar: a Índia deve estar pronta para "oferecer, na hora crítica, todos os seus válidos filhos em sacrifício ao Império", para "oferecer todos os próprios idôneos filhos como sacrifício ao Império neste seu momento crítico"; "para a defesa do Império, devemos oferecer cada homem de que dispusermos". Quem contrasta com esse gigantesco rito sacrificial é o "partido de Lênin", que saúda e promove a fraternização nas trincheiras. Nesse contexto, convém citar, sobretudo, Karl Liebknecht. Após ter lutado durante muito tempo contra o rearmamento e os preparativos de guerra, chamado à frente de combate, antes de ser preso devido ao seu pacifismo, ele envia uma série de cartas à esposa e aos filhos: "Eu não atirarei [...]. Eu não atirarei mesmo que me seja ordenado atirar. Podem até me fuzilar por isso". Certamente, mais tarde Liebknecht adere com entusiasmo à Revolução de Outubro que estoura contra a violência insensata da Primeira Guerra Mundial, mas que é em si mesma violenta. O fato é que as grandes crises históricas se caracterizam pelo fato de que não permitem escolher entre violência e não violência, mas entre diferentes formas de violência. No meu livro[5], demonstro que os dilemas morais dos bolcheviques não são diferentes dos dilemas morais enfrentados nos Estados Unidos pelos cristãos que, na primeira metade do século XIX, estão empenhados na luta não violenta contra a escravidão e que terminam por apoiar aquela forma de revolução abolicionista que resulta na Guerra de Secessão; ou dos dilemas morais do grande teólogo protestante alemão Dietrich Bonhoeffer, que, seja em nome do cristianismo, seja em nome do gandhismo, professa a não violência, mas, ao final, não só se sente moralmente obrigado a participar da conspiração contra Hitler mas aponta a autêntica *imitatio Christi* da participação na luta (mesmo violenta) contra o nazismo.

O *revival* de Gandhi para a esquerda se revela totalmente subalterno à ideologia dominante também no plano imediatamente político. Para dar apenas um exemplo, voltemos o nosso olhar para a Palestina dos dias atuais: vemos que a proclamação do princípio da não violência tende a mirar, em primeiro lugar, as vítimas, enquanto silencia ou relega ao segundo plano não só a ocupação militar em curso durante décadas mas também o processo de expropriação e colonização das terras das vítimas ainda hoje em andamento, protegido por um formidável aparato militar e que permanece, todavia, na sombra.

S.A.: Enfim, uma questão mais geral. Há muito tempo, o seu trabalho apresenta o problema de uma reconstrução do materialismo histórico. Esse esforço se configura como a tentativa de elaborar uma teoria geral do conflito. Mais recentemente, em seguida, especificou-se como um desenvolvimento da ontologia do ser social. Deseja explicar como entende esses dois conceitos e em que sentido essa tentativa teórica representa uma inovação em relação ao pensamento marxiano e ao leninismo?

D.L.: Posso só acenar para uma pesquisa que ainda está em curso. É notória a tese com que se abre o *Manifesto do Partido Comunista*: "A história de cada

---

[5] Idem, *A não violência: uma história fora do mito* (trad. Carlo Alberto Dastoli, Rio de Janeiro, Revan, 2012).

sociedade que até hoje existiu é a história da luta de classes". No entanto, quando prestigiosos autores de orientação marxista se interrogam sobre as lutas de classes mais significativas do século XX, eles apontam talvez para a Revolução de Outubro, mas remetem em primeiro lugar ao 1968 ou às greves operárias e às agitações camponesas neste ou naquele país. E a Segunda Guerra Mundial? Estamos perante um dilema: ou é válida a tese de Marx, e então ocorre saber ler em chave de luta de classes o acontecimento decisivo do século XX, ou, se tal acontecimento não tem nada a ver com a luta de classes, ocorre afastar-se da tese enunciada no *Manifesto do Partido Comunista*. Na realidade, com um olhar mais atento, Stalingrado aparece como o momento mais alto da luta de classes do século XX: tal batalha prenuncia a derrota do projeto do Terceiro Reich, que se propunha criar o seu império colonial na Europa oriental, reduzindo povos de antiga civilização, por um lado, à condição de "índios" (a serem dizimados a fim de permitir a germanização dos territórios conquistados) e, por outro lado, à condição de "negros" (destinados a trabalhar como escravos ou semiescravos no serviço da "raça dos senhores"). Em Stalingrado, é derrotada a tentativa de retomar e radicalizar a tradição colonial e a divisão internacional do trabalho que se conecta a ela; não por acaso, à desfeita infligida na pretensão hitleriana de edificar as "Índias alemãs" na Europa oriental se entrelaça um irresistível movimento de emancipação dos povos coloniais. Deveria ser fácil compreender tudo isso para quem tem presente a advertência do *Manifesto* ("em épocas diferentes", os "antagonismos de classes" assumem "diferentes formas") ou a lição de método transmitida mais tarde por Marx a propósito da Irlanda (onde a "questão social" se apresenta como "questão nacional"). A teoria da luta de classes deve ser lida como uma teoria geral do conflito e somente a partir de tal leitura podemos fazer justiça à tese central do *Manifesto* (e do materialismo histórico).

A "ontologia do ser social" de que fala Lukács, ou melhor, a sua ausente elaboração, permite-nos compreender melhor a história dos países socialistas e do movimento comunista como um todo. Em 1991, Fidel Castro sublinhou as consequências nefastas da subvalorização da religião e da questão nacional. Quase no mesmo período de tempo, dando de fato o adeus à tese da extinção do Estado, Deng Xiaoping chamou a China para melhorar o "sistema legal" e para introduzir o "governo da lei" no Partido Comunista e na sociedade como um todo como precondições para o desenvolvimento da "democracia" (que é, ela própria, uma forma de Estado). Pode-se fazer uma consideração de caráter geral. Lendo Marx e Engels, às vezes se tem a impressão de que, com a superação definitiva do capitalismo, estejam condenados a desaparecer, além das classes antagônicas, também o Estado, a divisão do trabalho, as nações, as religiões, o mercado, todas as possíveis fontes de conflito. A história do "socialismo realizado" é também a história da tomada de consciência (parcial, contraditória e dolorosa) do caráter ilusório de tal perspectiva. Ocorre desenvolver uma ideia de emancipação radical e, todavia, realista; ocorre não perder de vista a espessura do ser social do Estado, da nação, da língua, da religião, do mercado, a espessura de tudo o que foi chamado ao desaparecimento. Muito mais do que o idealismo da primeira natureza, é preciso combater o idealismo da segunda natureza: é nessa perspectiva que resulta essencial a elaboração de uma ontologia do ser social. Aos meus olhos, teoria geral do conflito, de um lado, e ontologia do ser social, do outro, são os dois pilares graças aos quais é possível reconstruir o materialismo histórico e conferir novo impulso ao projeto de emancipação revolucionária que teve início com Marx e Engels.

ENTREVISTA À REVISTA *NOVOS TEMAS**
Entrevista por Victor Neves

Introdução

Novos Temas: No livro *Democracia e bonapartismo*, o senhor trabalha com a oposição entre as "lutas pela emancipação" e o processo de "desemancipação" que estaria ocorrendo no mundo com o neocolonialismo e o neoliberalismo. O que o senhor compreende exatamente quando afirma a possibilidade de uma "emancipação humana"? Esse projeto mantém sua atualidade?

Domenico Losurdo: Penso que sim. A luta entre a emancipação e a desemancipação é uma constante na história universal. Posso dar alguns exemplos que ajudam a demonstrar isso.

Em primeiro lugar, como consequência da Guerra de Secessão nos Estados Unidos na segunda metade do século XIX, houve a abolição da escravidão negra. Trata-se, sem dúvida, de uma grande emancipação. Seguiu-se, por certo período, imediatamente após a conclusão daquela guerra (1865), uma democracia multirracial e multiétnica nos Estados Unidos, mesmo no Sul. O Norte havia conquistado a vitória, mas, para administrar o Sul, os brancos do Norte precisavam do apoio dos negros do Sul. Esse é um período feliz da história dos afro-americanos, porque nesse caso eles desempenhavam mesmo um papel político importante nos estados do Sul.

Entretanto, esse período se encerra com um compromisso entre os brancos do Norte e os do Sul, a partir do momento em que estes últimos aceitam a

---

* Publicado primeiro em português na revista *Novos Temas*, n. 11, São Paulo, 2014. Traduzido por Victor Neves, que realizou esta entrevista no âmbito de uma pesquisa de caráter mais amplo sobre a relação entre estratégia democrática e estratégia socialista.

vitória e a direção nacional do Norte em troca da seguinte concessão: eles poderiam administrar livremente o Sul. A consequência foi o regime de "supremacia branca" (*white supremacy*) no Sul, com efeitos catastróficos para os negros, provocados por um regime racista de terror branco dirigido contra os negros, com linchamentos etc.

Ou seja: após a grande emancipação que a abolição da escravidão negra representou, vemos um processo de desemancipação porque, mesmo que a escravidão não tenha sido restabelecida no plano formal, na realidade os negros perderam cada uma das liberdades que haviam conquistado. Trata-se de um claro processo de desemancipação.

Outro exemplo é o que se passou por ocasião da queda do socialismo na Europa oriental – e aqui eu sublinho: *na Europa oriental, não no mundo*. Por um lado, podemos dizer que aqueles povos conquistaram certos direitos políticos que eles não tinham. Mas, por outro lado, devemos notar o claro processo de desemancipação. Com isso, quero dizer o seguinte: a revolução anticolonial, que havia conhecido sua grande decolagem com a Revolução de Outubro, foi desacreditada com a queda do socialismo na Europa oriental. Depois desse processo, houve mesmo uma reabilitação formal do colonialismo. Há hoje muitos intelectuais, como Popper, que sustentam que "nós liberamos os povos coloniais cedo demais". É a velha tradição colonial que retorna!

Também quando o Ocidente se sente à vontade para declarar guerras de maneira soberana sem a autorização do Conselho de Segurança da Organização das Nações Unidas (ONU), é claro que isso mostra a reapresentação de uma posição neocolonial. Há uma partilha do Oriente Médio entre os países do Ocidente, que pretendem exercer sua soberania sobre o resto do mundo.

Agora, por que isso ocorre? Qual é a relação entre esse retorno e a queda do socialismo na Europa oriental?

Entre as definições de imperialismo que encontramos em Lênin, há uma que me parece particularmente interessante. Ele diz que o imperialismo é a pretensão de algumas nações, por assim dizer "eleitas", de se reservar o direito de constituir Estados nacionais independentes, direito este que é negado aos outros povos. Essa atitude imperialista se tornou muito evidente após a queda do socialismo na Europa oriental.

Quanto a esse ponto, devemos lembrar-nos de que, antes da Revolução de Outubro, o mundo inteiro era propriedade de um punhado de países imperialistas: a África estava partilhada, a Índia ainda era uma colônia da Grã-Bretanha, a China era uma semicolônia e a América Latina também, a partir da Doutrina

Monroe. Com a Revolução de Outubro, assistiu-se então ao despertar da revolução anticolonialista em âmbito planetário e, com a queda do socialismo na Europa oriental, assistimos agora à tentativa dos grandes países capitalistas do Ocidente de estabelecer um tipo de neocolonialismo.

As guerras contra o Iraque, a Líbia e a Iugoslávia são guerras neocoloniais que nos mostram claramente esse aspecto da desemancipação. Mas há também outro aspecto que deve ser levado em conta.

Mesmo os autores burgueses são obrigados a reconhecer que a Revolução de Outubro tornou mais fácil o estabelecimento do Estado social na Europa ocidental. Posso citar, neste contexto, Hayek, o grande mestre do neoliberalismo que recebeu o prêmio Nobel nos anos 1970. Polemizando ferozmente contra os direitos econômicos e sociais reconhecidos pela ONU, ele afirmava claramente que tais direitos seriam uma invenção ruinosa da "revolução marxista russa". Essa é uma citação, e, mesmo que eu evidentemente não compartilhe de seu julgamento sobre esses direitos, ele tem toda a razão ao associá-los à Revolução Russa!

Então, se a Revolução de Outubro contribuiu evidentemente para o desenvolvimento dos direitos sociais mesmo nos países europeus do Oeste, não é de modo algum uma coincidência que, após a desaparição do socialismo na Europa oriental, estejamos assistindo a este ataque contra os direitos sociais na Europa ocidental.

Um último exemplo pode ser o da luta pela emancipação das mulheres nos países do Oriente Médio.

Com a revolução anticolonial, conhecemos ali certa emancipação da mulher. Depois da guerra neocolonial contra a Líbia, assistimos agora à reintrodução da poligamia, quer dizer, da escravidão doméstica da mulher! Trata-se evidentemente de uma contrarrevolução contra os direitos das mulheres – ou seja, uma desemancipação das mulheres.

Esse quadro nos mostra, ao que me parece, uma característica geral do processo histórico; e eu gostaria de acrescentar uma última observação a esse respeito para concluir esta resposta. É que a visão que tenho do processo histórico não é unilinear. A história não caminha de uma conquista ou de um progresso ao outro. De jeito nenhum. O que se passa na realidade é que há uma luta entre emancipação e desemancipação e essa luta se chama luta de classes. Ela pode assumir formas diferentes, e por vezes é a desemancipação que ganha a batalha. Sobre isso, discorro mais aprofundadamente no meu último livro, *A luta de classes*.

N.T.: Aproveitemos então para prosseguir um pouco por esse tema. Como o senhor vê as formas atuais da luta de classes? Quais seriam, hoje, os sujeitos sociais capazes de conduzir essas lutas pela emancipação?

D.L.: No plano histórico, há três formas de "luta de classes". O *Manifesto do Partido Comunista* fala de *Klassenkämpfe* e deve-se notar que o termo alemão está no plural. Isso aponta para o fato de que há diferentes formas de luta de classes, entre as quais a mais conhecida é a forma de luta do proletariado, da classe operária, para abolir aquilo que Marx e Engels chamaram de "escravidão assalariada". Essa é uma forma fundamental de luta de classes, mas de modo algum a única. Como ela é a mais conhecida entre os marxistas, não vou falar muito dela, preferindo mostrar que Marx e Engels falam também de outras formas da luta de classes.

Marx, em particular, quando fala da Irlanda – que naquele tempo era uma colônia da Grã-Bretanha, segundo Marx, uma versão da Índia na Europa –, afirma que ali "a questão social se apresenta[va] como questão nacional". Trata-se aqui de uma citação literal, que aponta que a exploração terrível do povo irlandês se manifestava deste modo: os irlandeses eram expropriados de suas terras, expulsos, por vezes mesmo dizimados. Sofrendo tal exploração e opressão terríveis estava o povo irlandês enquanto tal, não apenas as classes subalternas. O povo irlandês enquanto nação sofria com isso e nesse caso a questão social, segundo Marx, apresentava-se como questão nacional – o que significa que a luta de classes se tornava ali uma luta nacional, sem desaparecer, mas apresentando-se sob essa forma.

Há ainda uma terceira forma da luta de classes. Engels escreveu que as lutas das mulheres contra a opressão sofrida por elas constituía a primeira forma da luta de classes. Isso porque elas, na situação da família patriarcal, estavam condenadas à escravidão doméstica, formando o "proletariado da família". Sendo assim, sua luta pela emancipação deve ser compreendida como uma terceira forma da luta de classes.

A grandeza de Marx, de Engels e do movimento que se inspirou neles residiu na capacidade de unificar essas três formas de lutas de classes no mesmo gigantesco movimento de luta pela emancipação em seu conjunto. Temos que partir dessa constatação para compreender o que se passa hoje.

Já falei da luta de classes do proletariado nos países capitalistas, sobretudo nos mais desenvolvidos, com a crise terrível que se manifestou sobretudo depois de 2008. Sabemos que as condições de vida das classes subalternas foram rebaixadas com o triunfo do neoliberalismo, que significou a desemancipação no que concerne ao questionamento do Estado social e mesmo à sua destruição. Mas não devemos limitar nosso olhar ao aspecto econômico das lutas das classes subalternas nas metrópoles capitalistas.

Devemos ter em conta, sobretudo, os aspectos políticos. Já no meu livro *Democracia ou bonapartismo*, falei de países como os Estados Unidos ou a Grã-Bretanha como aqueles onde reina um regime político de "monopartidarismo competitivo". Isso significa que a classe social que domina é uma só, mesmo que haja elites concorrentes no interior da mesma classe.

Hoje, muita gente – inclusive autores burgueses – fala do poder absoluto da riqueza sobre a vida política, e a propósito dos Estados Unidos se fala de uma "plutocracia", expressão que remete ao "poder da riqueza". Devemos então lembrar que esse processo de desemancipação não é apenas um questionamento do Estado social, mas, de modo geral, é o questionamento dos direitos sociais *e políticos* das classes subalternas. Nos países como a Grã-Bretanha e os Estados Unidos ou mesmo na Itália e em certos outros países, as classes subalternas não possuem mais representação política.

Nesse contexto, deve-se mesmo acrescentar que, com o neoliberalismo, a questão social se torna mais e mais um caso de polícia – uma questão que aparece como objeto de intervenção e solução pela polícia... Cito Stiglitz, estadunidense que ganhou há alguns anos o prêmio Nobel de Economia: ele mostra, por exemplo, que os Estados Unidos têm cerca de 5% da população mundial total, mas ao mesmo tempo 20% da população carcerária do mundo. Ou seja: o clássico país do neoliberalismo, onde a questão social foi sempre tratada como se fosse uma questão privada, é o mesmo em que a taxa de encarceramento da população é particularmente elevada. Mas essa é apenas uma das formas da luta de classes.

Devemos agora nos colocar outra questão, referente à diferença de formas da luta de classes que exemplifiquei anteriormente: a luta anticolonialista, uma das lutas de classes que desempenhou papel decisivo no século XX, continua ou não a desempenhar um papel importante?

Em primeiro lugar, deve-se ter em mente que a luta anticolonialista foi talvez a forma mais importante de luta de classes no século XX. Não apenas por causa da luta pela independência das colônias tradicionais, mas também por causa do significado do nazismo, do Terceiro Reich, que não devemos esquecer jamais. Em meu livro sobre a luta de classes, cito Hitler e sobretudo seu colaborador Himmler, que em um de seus discursos dirigidos ao partido nazista dizia que "Nós estamos entre nós, e entre nós posso falar com clareza: precisamos de escravos no sentido mais estrito do termo. E nossos escravos serão os eslavos". Hoje há vasta bibliografia que demonstra muito claramente que a guerra do Terceiro Reich contra a União Soviética foi a maior guerra colonial da história mundial. Devo acrescentar: não somente uma guerra colonial mas uma guerra escravista.

Pois bem: a batalha de Stalingrado foi um dos momentos mais importantes da luta de classes do século XX, e isso continua válido mesmo no nível da história universal. Os eslavos deveriam tornar-se escravos da "raça dos senhores" ou deveriam permanecer livres? Isso é grande luta de classes. E podemos dizer a mesma coisa em relação à China contra o Império japonês. Nessa situação, Mao Tse-tung exprimiu o estado de coisas reinante em uma fórmula magnífica, afirmando que, naquela situação concreta (e sublinho, *naquela situação concreta, e não em geral*), havia uma "identidade entre luta de classes e luta nacional". Mao havia compreendido muito bem: foi como consequência dessa luta de classes gigantesca que vimos o arruinamento do sistema colonialista mundial.

Qual é então a grande questão hoje? É esta: desde que não há mais sistema colonial clássico, teria a luta anticolonial, como forma da luta de classes, desaparecido? Trata-se de uma questão complicada.

Em primeiro lugar, há ao menos uma situação concreta hoje na qual a luta anticolonial se apresenta da forma clássica. É a situação da Palestina. Nesse caso, vemos a forma clássica do colonialismo. Afinal, o que fazem os sionistas? O que fazem os colonos israelenses judeus? Eles procedem à expropriação do povo palestino sem distinção e ao terror contra esse povo em seu conjunto. Nesse caso, a luta anticolonialista do povo palestino se manifesta na forma clássica da luta pela terra.

Lênin já explicou, no início do século XX, a diferença entre o colonialismo e o neocolonialismo: se o colonialismo é a "anexação política", o neocolonialismo é a "anexação econômica". No caso da Palestina, vemos que se trata de anexação política, já que a terra dos palestinos está submetida ao poder direto, explícito, formal, de Israel.

Em segundo lugar, há uma luta anticolonial que é muito presente. Segundo o raciocínio de Lênin, a luta contra a anexação econômica é ela própria uma luta anticolonial e, portanto, ela também é luta de classes. Para explicar isso, parece-me útil citar as posições de personalidades bastante diferentes sobre o assunto.

Uma é Mao Tse-tung. Às vésperas da conquista do poder, ele afirmou aproximadamente o seguinte: "Os Estados Unidos desejam que a China continue a depender do trigo e da farinha estadunidenses. Nesse caso, a independência política da China será um fato apenas formal, sem significação concreta". Mao afirmou isso em 1949.

A outra é Frantz Fanon, um dos grandes teóricos da revolução anticolonial argelina, que escreveu o célebre *Os condenados da terra*. Nesse livro, afirmou que, quando um país colonialista e imperialista é obrigado a conceder a independência a um povo que não pode mais controlar, a antiga potência colonial busca submeter o povo revoltado aos seguintes termos: "Querem a independência? Tudo bem, tomem, mas, agora, danem-se".

Essas duas personalidades muito diferentes, Mao e Fanon, compreenderam muito bem o mesmo problema: que após a luta pela independência política tem de vir a luta pela independência econômica e que a agressão imperialista pode manifestar-se tanto no plano político e militar evidente como no plano econômico.

A história de Cuba fornece um claro exemplo desse problema. Todo o mundo sabe que, no ano de 1961, os Estados Unidos tentaram conquistar Cuba invadindo a baía dos Porcos e que essa tentativa foi rechaçada pelo povo cubano. Os Estados Unidos foram obrigados a renunciar à agressão militar, mas nem por isso renunciaram a submeter Cuba: passaram da agressão militar à agressão econômica, como constatou com toda a razão Che Guevara. Afinal, o embargo é mesmo uma forma de guerra no plano econômico.

Com esses elementos postos, posso agora trazer à luz uma segunda tese: a luta de classes que consiste na luta de liberação nacional, que desempenhou papel tão importante no século XX, mantém sua importância hoje. Só que essa luta anticolonial passou da fase prioritariamente político-militar à fase prioritariamente político-econômica.

Por exemplo, se tomamos um país como o Egito hoje... Como vocês sabem, o Egito silencia sobre o massacre infligido a Gaza. É claro: um país que depende do trigo estadunidense e do dinheiro saudita não está em condições de se exprimir de modo politicamente independente. Hoje temos também grandes expressões da luta de classes cujos protagonistas são os países de independência recente ou os países da América Latina que lutam para se libertar da Doutrina Monroe.

Talvez o país mais importante no tocante a essa forma da luta de classes seja, hoje, a China. Como Cuba, sofreu um embargo terrível durante muito tempo, mas hoje se desenvolve e quebra o monopólio ocidental da alta tecnologia – o que transforma de modo radical a correlação de forças em âmbito internacional.

Mais uma vez: a tarefa daqueles que querem lutar pela emancipação é unificar as três formas da luta de classes, e isso passa por considerar corretamente o papel da luta anticolonial hoje.

N.T.: Como sabemos, à extensão do direito de voto – que foi consequência das lutas emancipatórias levadas a cabo ao longo do século XX – correspondeu o enfraquecimento das possibilidades reais de participação popular no exercício do poder político. Poderíamos afirmar que a ideia de transformar as lutas populares em uma socialização efetiva do poder não funcionou? Se sim, por quê?

D.L.: Devo sublinhar um ponto que me parece muito importante: mesmo com a desemancipação, não ocorre o simples retorno ao *status quo ante*, à situação anterior. Seria falso pensar que a contrarrevolução implica a reprodução da situação anterior à revolução. Ou seja, devemos compreender o confronto entre emancipação e desemancipação de maneira dinâmica – trata-se de situação que não pode ser compreendida estaticamente.

Gramsci, pensando na dialética entre revolução e restauração em seguida à Revolução Francesa, explicava que a Restauração não é o restabelecimento do Antigo Regime no sentido estrito do termo. Mesmo a Restauração é obrigada a fazer certas concessões; suas possibilidades de vencer dependem dessas concessões. Se pensarmos na Restauração clássica, os camponeses que haviam recebido a terra não foram todos expropriados; essa "restauração integral" não teria sido possível porque a reação das massas seria muito violenta.

Posso dar outro exemplo, entre muitos possíveis: no início do regime fascista, Mussolini pensou em estabelecer o "sufrágio plural". Esse tipo de sufrágio é sugerido por um autor liberal clássico, John Stuart Mill. Ele sustenta que, mesmo que todas as pessoas tenham o direito de votar, as diferenças de inteligência impõem a necessidade de uma diferenciação entre os pesos dos votos. Assim, segundo esse autor, os mais inteligentes (que para ele são os industriais e, não sei muito bem por quê, os professores universitários!) deveriam votar duas ou três vezes, tendo direito ao voto plural. Quando Mussolini desejou implementar isso, mesmo os fascistas lhe explicaram que desse modo as massas populares iriam revoltar-se, em relação aos privilegiados pelo direito de votar mais vezes porque seria muito clara a humilhação. Faço referência a este episódio em *Democracia e bonapartismo*.

Hoje em dia, mesmo os neoliberais mais duros, como Hayek, que polemizam contra o sufrágio universal (ele questiona, por exemplo, "por que o sufrágio universal é um direito?"), não têm coragem de dizer que se deveria reintroduzir o voto censitário. Eles sabem muito bem que a reinstauração dessa discriminação no terreno político significaria a revolução, a revolta generalizada. Isso mostra que a desemancipação, no terreno político, se manifesta de uma forma mais *soft*, mais flexível.

O que ocorre hoje é que, com o monopartidarismo competitivo, o poder da riqueza se tornou ainda mais forte que antes. As classes subalternas se encontram numa situação de impotência política. Na Itália, por exemplo, com a dissolução do PCI, elas não são mais representadas no parlamento. Em certas situações de crise, quando se busca concentrar o poder político sobre o poder executivo, podemos falar em um "bonapartismo *soft*". Entretanto, hoje devemos compreender este "bonapartismo *soft*" em ligação com o monopartidarismo competitivo, que permite à burguesia monopolizar o poder político em sua substância de modo que, em situações de crise mais aguda, é o presidente quem toma as decisões mais importantes. É, por exemplo, o caso dos Estados Unidos, onde se pode falar, nas palavras de Schlesinger Jr., de uma "presidência imperial", já que lá é o presidente quem decide sobre a guerra.

Tudo isso, entretanto – e aqui é necessário ver claramente –, não é um restabelecimento de situações anteriores, e é por isso que nós devemos desenvolver novos métodos de luta a partir da análise concreta de situações concretas.

N.T.: Sua resposta nos conduz a uma nova questão… O senhor localiza, de um lado, as conquistas democráticas como parte da emancipação, como ganhos emancipatórios; e, de outro lado, o neoliberalismo e seu livre mercado como realizações de um processo de desemancipação. Essa posição remete a outra, muito forte hoje em dia nos meios da esquerda, que consiste em afirmar que o aprofundamento da democracia seria incompatível com o livre mercado. Entretanto, permita-me apresentar uma interpretação um pouco diferente do problema: a fórmula política "um homem, um voto" repousa sobre a aceitação da regra de que cada indivíduo deve tomar as decisões por si mesmo, ou seja, isolado dos outros – por exemplo, numa cabine de votação inviolável. Não seria essa fórmula mesma a expressão política mais bem acabada do mercado, na medida em que cada indivíduo toma somente por si mesmo a decisão, escolhendo entre os "produtos" propostos, aquele no lugar deste, isolado – em sua esfera privada – da interferência do público? Compreendida desse modo, a democracia baseada no sufrágio individual não seria ela mesma a forma política mais compatível com o mercado?

D.L.: Minha abordagem do problema seria um pouco diferente, e isso se relaciona com minha ideia da democracia enquanto tal.

Em primeiro lugar, devemos constatar o seguinte: se tomamos os partidos comunistas, por exemplo, eles fazem sempre referência a esse sistema de "um homem, um voto" e eles são contra o capitalismo e o neoliberalismo. Nós não devemos ter nostalgia de outras formas políticas e de outros sistemas. Nosso problema não é inventar um sistema novo ou retornar a um antigo, já que o princípio "um homem, um voto" se tornou parte integrante da consciência universal. Se posso me exprimir de maneira hegeliana, esse princípio hoje já se tornou parte de uma "segunda natureza", ou seja, ele está tão enraizado que não pode mais ser posto em questão. Mesmo no plano metodológico, não vejo outra possibilidade.

Mas não é, de modo algum, um reconhecimento do caráter democrático da democracia burguesa. Isso porque o problema da democracia tem muitos aspectos, dos quais o principal talvez seja aquele ligado à dimensão internacional, das relações entre as nações.

Por exemplo: hoje todos falam de Gaza (infelizmente por razões trágicas) e lá o Hamas chegou ao poder por meio de eleições democráticas. Em seguida a isso, como a população de Gaza havia votado de maneira "errada" do ponto de vista das potências imperialistas, a região foi submetida a um bloqueio, à agressão e mesmo à guerra mais terrível. Neste caso, onde está a democracia?

Sobre o mesmo problema, se alguém me pergunta: "o senhor, Domenico Losurdo, defende ou não o multipartidarismo em Cuba"? Eu respondo resolutamente: "Não!" E por quê? Seria eu contra a democracia? Não, e na verdade é justamente o contrário: defendo essa posição porque acredito firmemente na democracia.

Imaginemos o cenário... Diversos partidos em Cuba, numa situação em que o poder multimídia dos Estados Unidos é avassalador. Não haveria nem sombra de possibilidade real de uma competição midiática e econômica justa (*fair*). Mas, sobretudo, devemos acrescentar outro elemento: como podem ser consideradas democráticas eleições fundadas sobre a chantagem, sobre as ameaças da única superpotência do mundo – por exemplo: "se vocês votam como eu recomendo, suspende-se o embargo, mas, se votam errado, sofrerão o embargo mais terrível e a possibilidade permanente de agressão militar"? O quadro é claro: o imperialismo torna a democracia impossível.

Quanto a esse ponto, é possível acrescentar ainda um elemento, derivado da leitura dos clássicos da tradição liberal, como, por exemplo, Alexander Hamilton. Às vésperas do estabelecimento da Constituição Federal, que reforçaria muito o poder central nos Estados Unidos, em 1787, ele está engajado em convencer seus compatriotas a votar pela Constituição. Afirmava que, se não fosse constituído um Estado federal – e, portanto, se houvesse uma pluralidade de pequenos Estados naquela região e, nesse caso, em decorrência da preocupação política de cada um deles de vir a ser agredido –, o absolutismo europeu acabaria chegando aos Estados Unidos, em situação em que cada um daqueles pequenos Estados estaria preocupado em salvaguardar sua própria soberania.

Hamilton compreendeu muito bem que o *rule of law*, o governo da lei, pressupõe uma situação de tranquilidade geopolítica. Ele pressupõe uma situação em que não há perigo de guerra ou de agressão.

Portanto, não se deve afirmar que a democracia, a fórmula "um homem, um voto" é falsa, mas apenas que a democracia se torna impossível com o imperialismo. Há uma situação de insegurança geopolítica espalhada pelo mundo, com bases militares estadunidenses presentes em todo canto, e os Estados Unidos tornam impossível a democracia que eles tanto afirmam defender.

Quanto a isso, podemos citar um presidente dos Estados Unidos. Franklin Delano Roosevelt afirma, em seu célebre "Discurso das Quatro Liberdades", o direito de viver abrigado do medo (*freedom from fear*) como um direito essencial. Ele polemizava contra Hitler naquele momento, mas a polêmica é válida hoje contra os Estados Unidos, que aboliram o direito de viver abrigado do medo para o mundo inteiro!

Em segundo lugar, se há uma desigualdade esmagadora em relação à riqueza, não haverá possibilidade de liberdade política. Esse é um elemento de que não nos devemos esquecer e que também foi discutido pelos clássicos do pensamento político – veja que nesse contexto eu não cito Marx e Engels, mas somente os liberais. Pensemos em um autor liberal como Benjamin Constant. Qual é seu argumento para justificar a discriminação censitária e defender que os trabalhadores não tenham direito de votar?

Constant afirma que, se o patrão pode demitir o trabalhador ou não empregá-lo, colocando-o em situação de desemprego, isso quer dizer que ele controla a vida do trabalhador. Ora, este último se encontra assim sob o controle de alguém, não sendo propriamente livre. Assim, não deve ter direito a votar. É claro que poderíamos tirar outras conclusões desse raciocínio: por exemplo, que a condição de servidão do trabalhador em relação ao patrão deveria ser eliminada.

Finalmente, gostaria de apontar um último aspecto do problema, mesmo correndo o risco de transformar esta exposição em um percurso um pouco longo. Já afirmei que sem uma situação de tranquilidade geopolítica não é possível realizar a democracia. Citei inclusive Roosevelt, que explica que sem a *freedom from fear* não há a possibilidade de realizar a democracia. Também assinalei que em situações de desigualdade esmagadora não é possível realizar a democracia. Mas é necessário ainda trazer à tona uma questão: o que acontece quando não estamos em uma situação "normal"? O que acontece quando estamos "fora do normal", em situação de grave crise política?

Para responder vou citar, pela última vez nesse contexto, mais um autor liberal: Adam Smith, o grande clássico da economia política, autor de *A riqueza das nações*. Na segunda metade do século XVIII, ele escreveu uma obra que tem de ser conhecida por quem se dedica a pensar o tema: *Lições sobre a jurisprudência*. Às vésperas da Revolução Americana, ele é contrário à escravidão (e devemos lhe dar o devido crédito por essa posição) e se coloca a seguinte questão: "de que modo podemos abolir a escravidão?".

Smith pensa na situação da América do Norte em um contexto em que ela ainda está submetida ao poder de Londres – os Estados Unidos ainda não foram fundados. Naquilo que mais tarde serão os Estados Unidos, havia, naquele momento, o autogoverno (*self government*), ou seja: o governo dos organismos representativos, como os parlamentos locais, que eram evidentemente controlados por proprietários de escravos, já que ainda havia a escravidão.

É justamente nesse contexto que Adam Smith formula uma tese muito interessante para responder àquela questão sobre como se poderia abolir a escravidão. Ele responde na seguinte linha: "não com um governo livre"! Isso porque os governos livres, nesse caso, são organismos representativos monopolizados por proprietários de escravos, e eles não decidiriam jamais por leis que os privassem de sua propriedade. Nesse caso, todos os amigos da humanidade teriam de preferir um "governo despótico", porque somente este poderia libertar os escravos.

Qual o fundamento do raciocínio de Adam Smith? Ele está convencido de que a liberdade é um valor universal e também fruto da bondade de governos livres. Mas, nessa situação concreta, ele compreende que é forçoso escolher entre o governo livre concretamente monopolizado por proprietários de escravos e a libertação dos escravos. Nesse caso, no qual a liberdade dos proprietários de escravos está em contradição flagrante com a liberdade dos negros, Adam Smith defende o despotismo, um despotismo que obrigue por certo período de tempo os proprietários de escravos a renunciar a sua "propriedade". É isso a história universal... Ainda quanto a esse problema, devemos lembrar-nos de que foi sob a ditadura militar exercida por Lincoln que a escravidão negra foi finalmente abolida nos Estados Unidos! Portanto, mesmo sendo contra as ditaduras militares, sou obrigado a reconhecer que, nesse caso concreto, uma delas desempenhou um papel progressivo.

Vemos assim que há certos casos concretos na história em que a escolha não se dá entre despotismo e liberdade, mas entre diferentes liberdades em conflito. Nessas situações, podemos falar de um conflito de liberdades. No caso concreto sobre o qual discorro, havia um desses conflitos de liberdades, existindo ali a possibilidade concreta de escolher não entre liberdade e despotismo, mas apenas entre medidas despóticas contra os proprietários de escravos e a aceitação do despotismo dos proprietários de escravos sobre sua propriedade, sobre seus escravos.

Mesmo a história do socialismo é, em grande parte, a história de um conflito de liberdades, provocado, na maioria das vezes, pelo imperialismo e pelas agressões imperialistas.

N.T.: Mas nessa conjuntura em que o senhor afirma que a democracia se tornou uma "segunda natureza", combinar de modo indiferenciado a luta pela emancipação humana com a luta pela ampliação da democracia não pode acarretar prejuízos à classe trabalhadora? Hoje, por exemplo, destacados pensadores de esquerda vêm afirmando que certos resultados da luta pela ampliação de direitos, à primeira vista positivos, contribuíram para a captura, nos marcos da ordem burguesa, de importantes movimentos que outrora lutaram pela emancipação, aprisionados nos limites de uma lógica contraditória: conquista de direitos sim, mas apenas até o ponto em que as classes dominantes aceitem concedê-los, amarrados por laços restritivos e corporativos e purificados de intenções de ruptura com a ordem vigente. O que o senhor pensa dessa posição?

DL.: A resposta para esse problema não está na renúncia à luta pela democracia nem na sua subestimação. Trata-se aqui de compreender a democracia em seu sentido verdadeiro e para isso se deve pensar, como já mostrei em outra resposta, em dimensão internacional. Por exemplo: é ridículo pensar no problema da democracia em Cuba sem considerar o embargo enquanto expressão da tentativa dos Estados Unidos de exercer o direito de vida e de morte sobre um povo inteiro. Ou seja, devemos considerar os diversos aspectos e as diversas dimensões dos problemas ligados à democracia.

Devemos também ter em conta outro aspecto do pensamento de Marx: sua preocupação não é apenas com a solução da questão social. Marx nos mostra, por exemplo no *Manifesto do Partido Comunista*, que devemos examinar o problema da liberdade a partir da esfera da produção, onde tem lugar o despotismo mais explícito. Se analisarmos o mundo capitalista de hoje, veremos que a liberdade conheceu uma restrição muito grave por diversas razões, como a precarização, o desemprego, a competição entre os trabalhadores...

Por isso tudo, a luta pela democracia é falsa apenas se aceitarmos a visão burguesa e capitalista de democracia. Se não a aceitarmos, deveremos chegar à conclusão de que hoje em dia os inimigos mais encarniçados da democracia e dos direitos humanos são o capitalismo e o imperialismo.

N.T.: Existem hoje certos Estados que se reivindicam socialistas, como a China, a Coreia do Norte, Cuba e o Vietnã. Qual o papel de cada um destes Estados na luta pela emancipação? E do conjunto desses países? O que o senhor pensa dos ataques frequentes contra esses Estados por parte dos grandes meios de comunicação dos países capitalistas? É possível encontrar relações entre esses ataques e medidas de sanção econômica atualmente em curso contra algum desses países?

D.L.: Vou começar a responder-lhe a partir de Kant. No fim do século XVIII, com a Revolução Francesa em curso, estoura a guerra contrarrevolucionária conduzida pelos Estados do Antigo Regime contra a França. As coalizões contra a França revolucionária são frequentemente dirigidas pela Inglaterra, que se declara liberal. Kant, polemizando contra a Inglaterra liberal, coloca uma questão: "em quais circunstâncias podemos afirmar que um governo é despótico?".

Ele responde que um governo será despótico se puder declarar guerra sem controle. Isso quer dizer que, se um governo pode declarar a guerra de modo soberano e livre de outros controles, ele é despótico. E disso Kant conclui que o governo da Inglaterra, que se pretendia liberal, era um governo despótico.

Hoje, quando o Ocidente – e, sobretudo, seu país-guia, os Estados Unidos – pretende declarar guerras de maneira soberana e mesmo sem a autorização do Conselho de Segurança da ONU, ele procede de modo despótico. São os déspotas de nossa época...

Mas não há somente a guerra. Em diversos de meus livros, eu cito um artigo publicado há alguns anos na revista *Foreign Affairs*, muito próxima do Departamento de Estado dos Estados Unidos (uma fonte que não pode, em hipótese alguma, ser apontada como "de esquerda"!). Este mostra que as sanções decididas pelo Ocidente e sobretudo pelos Estados Unidos – por exemplo, contra o Iraque, sob o argumento da luta contra as armas de destruição em massa, que hoje o mundo todo sabe que era falso, já que o Iraque simplesmente não possuía as tais armas – provocaram mais mortes ao longo da história do que todas as armas de destruição em massa somadas.

No Iraque de Saddam Hussein, essas sanções provocaram centenas de milhares de mortes entre a população civil, ou seja, tais sanções não são apenas guerra, mas uma modalidade de guerra particularmente bárbara e indiscriminada. E, se elas são decididas pelo Ocidente de modo soberano, temos mais uma vez uma situação de guerra decidida unilateralmente, ou seja, um caso de despotismo.

Podemos também considerar o caso de Cuba e sua relação com os Estados Unidos. Trata-se da relação entre uma superpotência que quer ser despótica – e que o é em suas atitudes – e um país que luta por sua liberdade. Mesmo que abstraíssemos o fato de que Cuba tem um regime socialista, a luta cubana já seria uma luta por sua liberdade e deveria servir de exemplo para o mundo todo.

Isso nos conduz a outra questão: por que nos últimos tempos as sanções decididas pelos Estados Unidos se tornaram um pouco menos assassinas? Isso não tem nada a ver com um suposto abrandamento do imperialismo... A chave para a resposta é o desenvolvimento tecnológico da China.

Esse desenvolvimento foi tão prodigioso que, por exemplo, as tentativas dos Estados Unidos de sentenciar Cuba à inanição fracassaram graças à relação comercial entre Cuba e China (e também entre Cuba e Venezuela). Portanto, Cuba e China desempenham um papel muito importante para a liberdade e para a democratização das relações internacionais. E por que esses dois países resistiram tão bem ao imperialismo? Nesse caso, o regime social interno, o socialismo, é a chave para a resposta. Mao e, depois dele, Deng Xiaoping já afirmavam que somente o socialismo poderia salvar a China, e Castro sempre disse o mesmo sobre Cuba, vindo dessa compreensão a afirmativa "socialismo ou morte" ou daquela "pátria ou morte".

Tudo isso me obriga agora a abordar a pretensa "restauração do capitalismo na China". Em primeiro lugar, devo dizer que para mim tal afirmação parece muito acadêmica. Para que se compreenda o que quero dizer com isso, estabelecer certos paralelos com a história da Rússia soviética ajuda.

Considerando os primeiros quinze anos da Rússia soviética – da Revolução de Outubro até 1932 –, veremos que, no esforço para construir uma sociedade pós-capitalista, tivemos três sistemas diferentes: no início, o comunismo de guerra; após alguns anos, a Nova Política Econômica (NEP), que tornou possíveis certas formas de propriedade capitalista nas cidades; e depois, com o perigo de guerra mais presente, a coletivização total sob Stálin. Temos então três sistemas sociais diferentes, mas todos pós-capitalistas, ainda que haja contradições entre eles.

Agora devemos considerar a história da China, que é um pouco diferente... Em primeiro lugar, o Partido Comunista Chinês já exercia o poder antes de sua conquista em âmbito nacional. Ele havia começado a exercê-lo em âmbito regional já a partir dos anos 1920, ou seja, vinte anos antes de sua conquista em nível nacional. Quando Edgard Snow visita a "China Soviética", as "regiões liberadas" governadas pelo poder comunista, ele descreve empresas cooperativas públicas, estatais, privadas... Tudo misturado, ali a situação já era esta, e mesmo durante a Revolução Cultural nunca houve a estatização completa.

Para compreender essa característica da China comunista, podemos citar Mao Tse-tung. Nos anos 1950, um pouco depois da conquista do poder, ele propôs a distinção entre a "expropriação política" e a "expropriação econômica" da burguesia. Ele sustentava que os comunistas chineses precisavam conduzir a expropriação política da burguesia até o fim, ou seja, a burguesia não deveria ser capaz de exercer nenhum poder político, nenhuma influência política real. Entretanto, no que concerne à expropriação econômica, seria importante limitá-la para preservar alguma capacidade burguesa de administração e empreendedorismo. Essa foi a atitude constante do Partido Comunista Chinês, e nesse sentido podemos ver uma linha de continuidade entre Mao Tse-tung e Deng Xiaoping.

Na China de hoje, na qual assistimos a uma grande decolagem econômica e tecnológica, mesmo que certamente haja uma burguesia, ela não exerce o poder, que está integralmente nas mãos do Partido Comunista. E digo mais: a China pôde realizar tantas conquistas formidáveis no plano tecnológico somente por conta da abertura ao mercado mundial, porque a tecnologia – sobretudo após a queda da União Soviética – havia se tornado monopólio das potências ocidentais. Mas a China, ao mesmo tempo que se abriu, sempre controlou seu mercado interno a partir das empresas estatais, que desempenham papel fundamental.

N.T.: Por outro lado, se considerarmos as relações sociais internas na China, assim como os números constantes de estudos referentes à exportação de capital chinês, que se desenvolve e se aprofunda hoje, não seria possível pensar que o Partido Comunista Chinês esteja se tornando progressivamente o seu contrário? Ou seja, não seria possível pensar que o PC está se transformando pouco a pouco em um administrador coletivo de uma modalidade concreta e historicamente específica de capitalismo em desenvolvimento? Se esse raciocínio for correto, a China se estaria afirmando hoje como uma nova grande potência capitalista, não socialista, mesmo sendo dirigida pelo Partido Comunista...

D.L.: Bem... Parece-me que o perigo da passagem do socialismo ao capitalismo, ou seja, da restauração do capitalismo, está sempre presente. Sobre isso, não é necessário insistir. Mas não se deve esquecer uma coisa: examinando a restauração do capitalismo na União Soviética, vemos que esse processo ocorreu numa economia quase completamente estatal, e isso indica que a propriedade estatal não é de modo algum uma garantia contra o perigo de restauração do capitalismo.

Entretanto, o fato de que haja algum grau de privatização da economia não é em si mesmo uma prova de que o capitalismo triunfará na China. Na virada dos anos 1990, o capitalismo foi restaurado na Europa oriental, que compreendia também a União Soviética, onde a propriedade era fortemente estatal; mas não na China! Constatar isso nos força a perguntar o porquê, e me parece que a resposta passa por compreender que o problema comporta outras dimensões que não apenas a econômica.

Se considerarmos a dimensão política do problema, veremos que o poder político se liga estreitamente à existência e ao alargamento de uma base social de consenso sobre a qual o poder socialista precisa se apoiar. Se a China tivesse permanecido um país pobre, ou mesmo miserável – e o objetivo do embargo que sofreu era exatamente esse –, a base social de consenso se teria tornado demasiadamente frágil, e isso poderia ter conduzido à derrota do socialismo e à restauração do capitalismo. Posso citar a esse propósito a história da RDA, a Alemanha Oriental, que possuía um Estado social bastante desenvolvido, talvez com o melhor serviço de assistência médica do mundo (reconhecido como tal mesmo por burgueses). Mas seu sistema não foi capaz de resistir ao poder de atração da opulência e da riqueza da Alemanha Ocidental.

O problema aqui é que os países socialistas são sempre expostos, queiramos ou não, à competição com as potências capitalistas, e isso impõe obstáculos a sua legitimação social. Eles são obrigados a desenvolver suas forças produtivas e sua capacidade de produção de riqueza social porque, sem isso, o poder socialista não se torna sólido, não se legitima socialmente. É isso o que ocorre na China hoje.

N.T.: Há ainda os governos de países fora do campo socialista, mas que se dizem simpatizantes do socialismo. Refiro-me ao fenômeno, particularmente notável na América Latina, dos governos situados no assim chamado "campo da esquerda", que polarizam de maneira não negligenciável o debate político no subcontinente. Como o senhor os avalia?

D.L.: Podemos dizer que há uma continuidade com a história de Cuba e mesmo com a história do socialismo enquanto tal.

Historicamente, é claro que a Revolução Cubana não começou como revolução socialista. Os revolucionários cubanos se tornaram socialistas e comunistas quando compreenderam – muito bem, por sinal – que a vitória de sua revolução não era possível desvinculada da luta contra o imperialismo, que somente o socialismo e um partido comunista poderiam salvar Cuba da agressão imperialista e da destinação colonial reservada à ilha pelo imperialismo. O mesmo raciocínio é válido para a China; há um texto muito importante de Mao no qual ele traça um quadro geral da história da Revolução Chinesa e mostra que o país tentou de diversas maneiras sustentar sua independência, o que só se tornou possível a partir de sua reorientação socialista, marxista – a partir, portanto, da compreensão de que, sem a transição ao socialismo, a luta contra o imperialismo seria condenada à derrota.

No que diz respeito à América Latina, em países como a Bolívia, a Venezuela, o Equador, mesmo que a situação histórica seja diferente, o que ocorre ali tem traços comuns com essas experiências. Esses países não começaram como socialistas ou comunistas, mas, na prática revolucionária enquanto tal, eles compreenderam a necessidade de ligar a luta nacional à luta social, até porque, sem uma série de conquistas sociais reais, o povo não seria convencido a defender a independência nacional contra um imperialismo encarniçado.

Essa me parece a característica fundamental desses processos do chamado "socialismo do século XXI". Eles são muito importantes, mas devem ser vistos como parte da história do movimento comunista, até porque a revolução não é nunca a consequência de apenas uma contradição, mas o resultado do cruzamento de diversas delas. Por exemplo, a luta interna contra a riqueza parasitária tem de se articular à luta contra o imperialismo, e os partidos comunistas só podem vencer se forem capazes de compreender as contradições e seu entrecruzamento, de modo a dominá-las.

N.T.: Esse problema do "entrecruzamento de contradições" me fez pensar no movimento socialista de hoje. Pelos nomes dos partidos no poder nas últimas décadas, entre avanços e recuos, o "socialismo" já estaria implantado na Europa ocidental de modo muito "bem-sucedido"... a serviço da continuidade e do aprofundamento do capitalismo e do imperialismo europeus. Seria possível explicar o amoldamento à ordem dos partidos socialistas europeus e mesmo de uma parte considerável dos partidos comunistas a partir do fato de que eles apostaram suas fichas no enfrentamento de contradições cuja solução podia ser absorvida pelo sistema capitalista? Que fundamentos parecem adequados ao senhor para questionar uma posição política que passou da crítica radical da ordem capitalista à cumplicidade em sua construção e seu desenvolvimento?

D.L.: Inicialmente me parece importante marcar o seguinte: se quisermos compreender o processo histórico – não somente as revoluções socialistas mas também as revoluções burguesas –, deveremos abandonar aquilo que chamo de "lógica binária". Há sempre, nas revoluções, o "cruzamento" de contradições às quais fiz referência, e isso é válido até mesmo para a Revolução Francesa – e para que se tenha certeza do que digo, basta lembrar a invasão do país pelas potências estrangeiras que desejavam a derrota da revolução.

A partir disso, podemos falar sobre o comunismo europeu. Gostaria de enfatizar a Itália, em particular... No que concerne ao Partido Comunista Italiano, a questão me parece simples e dolorosa: com a queda do socialismo na Europa oriental, muitos comunistas italianos simplesmente acreditaram que a história houvesse acabado! "O capitalismo triunfou; com seu triunfo passamos a viver no melhor dos mundos"... Eles, de fato, deixaram de ser comunistas, e mais: deixaram de ter qualquer sombra de pensamento crítico. Eu às vezes digo que, com a queda do Muro de Berlim, caiu também a inteligência de muitos comunistas e intelectuais italianos.

Sobre a história da *Rifondazione Comunista* [Refundação Comunista], devemos pensar em outros termos. Essa organização pretendia ser comunista e seus membros sabiam que, mesmo com a queda do socialismo na Europa oriental, a história não havia terminado... Mas, então, por que a *Rifondazione* também sofreu uma derrota? Parece-me que uma razão importante é a que podemos chamar de niilismo histórico, ou seja, a negação total de toda a história do movimento comunista, interpretado como a história de loucuras e mesmo de crimes. O principal responsável por essa interpretação foi Fausto Bertinotti, que sem querer acabou fazendo um balanço da história do movimento comunista próprio da burguesia.

N.T.: Caminhemos agora em direção à terceira e última parte de nossa entrevista. O senhor é, hoje, conhecido mundialmente por contar a história dos últimos dois séculos de modo diferente daquele que quer se impor no campo da historiografia – o chamado "revisionismo histórico", que discutiremos adiante. Nesse processo, o senhor vem construindo uma verdadeira *contra-história*, fundada sobre uma interpretação crítica do que se passou no período em questão, que se materializou, por exemplo, em obras como *Stalin: história crítica de uma lenda negra*, *A não violência: uma história fora do mito* e *Contra-história do liberalismo*. Quais são as bases teóricas desse trabalho de contra-história?

D.L.: Comecei como discípulo e pesquisador do pensamento de Hegel. Escrevi muito sobre ele e foi dele que extraí minhas teses fundamentais. A primeira: filosofar é compreender o próprio tempo de modo conceitual, é conceituá-lo. Na verdade, me meti a historiador porque queria filosofar! E não é possível fazer filosofia sem compreender o tempo no qual vivemos. A segunda tese, e aqui cito a *Fenomenologia do espírito*, é "a verdade é o todo". Essa afirmação não tem nada de genérico, como veremos.

Vou então dar um exemplo para explicar minha "contra-história", como você a chamou. Hoje, uma tese muito difundida é a que afirma que os Estados Unidos são a democracia mais antiga do mundo. Chega a ser um dogma da "teologia política" estadunidense, a tal ponto que Clinton, em seu primeiro discurso como presidente dos Estados Unidos, afirmou sem titubear que o país constituía a mais antiga democracia do mundo e tinha a missão eterna (*timeless*) de dirigir o restante do mundo para a democracia. Não nos interessa nesta entrevista polemizar sobre esse "mito genealógico" no plano político, mas sim discutir a afirmação que o fundamenta de um ponto de vista metodológico.

Pois bem: "os Estados Unidos são a mais antiga democracia do mundo". Quando Clinton afirma isso, ele tem de, evidentemente, abstrair o destino reservado aos peles-vermelhas expropriados, dizimados, exterminados nos Estados Unidos, assim como a escravidão dos negros. Nos planos metodológico e epistemológico – para não falar do plano político –, será mesmo correto abstrair a condição dos peles-vermelhas e dos negros?

Não! Não é correto. E isso não apenas devido à afirmação de Hegel de que a verdade está no todo mas também porque não se pode abstrair a quase totalidade das relações sociais em uma determinada sociedade, escolhendo apenas as partes que preferimos e delas "deduzindo" que "sim, claro, os Estados Unidos são a mais antiga democracia do mundo"...

Pode-se citar quanto a isso, como faço no meu livro *Contra-história do liberalismo*, o caso de dois viajantes, dois franceses que visitaram os Estados Unidos quase ao mesmo tempo, mas um independentemente do outro, Tocqueville e Schoelcher. Os dois são honestos do ponto de vista intelectual, já que ambos constatam, de um lado, o governo da lei e a democracia para os brancos e, do outro lado, o extermínio dos peles-vermelhas e a escravidão terrível dos negros. Mas qual a conclusão de cada um deles? Tocqueville conclui que os Estados Unidos são o maior país democrático do mundo. Já Schoelcher chega a uma conclusão totalmente oposta: para ele, os Estados Unidos são o país mais despótico do mundo, onde se pratica o despotismo mais feroz.

Mas então quem tinha razão, o primeiro ou o segundo? No meu livro, respondo que os dois estavam até certo ponto errados, mas talvez Tocqueville mais do que o outro... E por quê? Porque – e hoje isso é praticamente consensual entre os pesquisadores, mesmo entre os burgueses que se ocupam seriamente do tema – a democracia entre a comunidade branca nos Estados Unidos somente se tornou possível com o extermínio dos peles-vermelhas e a escravidão dos negros. Era a "democracia para o povo dos senhores" (*Herrenvolk democracy*).

Por um lado, a expropriação, a deportação e a dizimação dos peles-vermelhas tornou possível transformar trabalhadores assalariados em proprietários de terras e, por essa razão, o conflito social se tornava muito menos agudo. Por outro lado, o trabalho mais duro era exercido pelo escravo negro, mas sua condição de escravo lhe impunha direta e duramente o controle em seu próprio local de trabalho e de vida. Ou seja: o conflito social era atenuado porque os assalariados se tornavam proprietários e os trabalhadores eram escravos rigidamente controlados. E, com o conflito adormecido, tornava-se fácil instalar uma democracia para os brancos, quer dizer, para apenas uma fração dessa sociedade, ainda mais porque a situação geopolítica dos Estados Unidos era tranquila, não havia uma potência estrangeira a temer.

Então, afirmar que os Estados Unidos são a mais antiga democracia do mundo é simplesmente ridículo. Simples assim. E eu não digo isso apenas enquanto comunista; eu o faço também enquanto pesquisador, porque de outro modo teríamos que enfrentar a seguinte questão: qual é a razão, a justificativa, para abstrair as condições dos peles-vermelhas e dos negros? Salvo para os racistas, não há nenhuma justificativa possível! Defender isso pressuporia dizer que os negros e os peles-vermelhas eram bárbaros sem importância ou que eles eram simplesmente negligenciáveis, e esse raciocínio, do ponto de vista humano, é simplesmente falso.

Vamos agora nos transportar dos séculos XVIII e XIX para o século XX e imaginar um Tocqueville e um Schoelcher que então visitassem o planeta. Nessa situação, o Tocqueville do século XX faz uma comparação entre os

Estados Unidos e os outros países capitalistas, de um lado, e a União Soviética ou a China, de outro. Ele afirma: "É claro que nos Estados Unidos o governo da lei (*rule of law*) e a limitação dos poderes são bem mais estabelecidos que na União Soviética ou na China comunista". O Tocqueville do século XX conclui disso que a Guerra Fria é a guerra da democracia contra a ditadura. Essa é a ideologia dominante, como sabemos.

Mas agora imaginemos o Schoelcher do século XX, que afirma: "Sim, é verdade que nos Estados Unidos as instituições liberais são bem mais desenvolvidas que nos países comunistas... Mas são eles que estabelecem as ditaduras na América Latina; foram eles que estabeleceram a ditadura na Guatemala provocando um genocídio reconhecido até mesmo pela ONU. Foram os franceses, seus aliados, que conduziram uma guerra colonial genocida na Argélia. Foi a Grã-Bretanha que fez o mesmo em outros países da África. Foram os Estados Unidos que cometeram inúmeros crimes de guerra no Vietnã e na Indochina. Foram eles que acabaram com a democracia no Irã...".

Esse pequeno exercício nos mostra que estamos diante, do século XX até hoje, do mesmo problema metodológico e epistemológico que tentei mostrar ao falar da visita de Tocqueville e de Schoelcher aos Estados Unidos no século XVIII. Se abstrairmos as condições concretas nas quais se desenvolve a democracia estadunidense, poderemos cerrar fileiras com o Tocqueville do século XX e afirmar que se trata sempre da luta da democracia contra a ditadura. Mas, se considerarmos a totalidade das relações sociais e políticas do tempo e de nossa época, estaremos mais próximos de Schoelcher.

Foi à luz desse problema e inspirado pelas teses de Hegel citadas que me senti obrigado a elaborar esta "contra-história" dos dois últimos séculos, para tentar compreender conceitualmente nosso tempo.

N.T.: Considerando isso, em que sua contra-história se distingue fundamentalmente do revisionismo histórico que o senhor combate no livro *O revisionismo em história*? Em que ela se aproxima dele?

D.L.: O revisionismo histórico sofre da mesma fraqueza da ideologia dominante: ele não pensa a verdade como o todo, como sugeriu Hegel.

Vou dar um exemplo: que dizem Ernst Nolte e Furet sobre a União Soviética? Que era, sob Stálin, como o Terceiro Reich, como a Alemanha nazista. E por quê? Porque ela tinha um partido único, um partido totalitário que decidia tudo etc. Esse modo de argumentar é completamente formal.

Sugiro uma comparação que nos ajudará a compreender melhor esse problema: pensemos na luta, na grande luta, dos escravos negros – os "jacobinos negros"! – contra a escravidão em Santo Domingo (que depois se tornou o Haiti), conduzida por Toussaint L'Ouverture. Conquistada a abolição da escravidão, esses ex-escravos, agora livres, devem lutar contra o poderoso exército enviado por Napoleão para restabelecer a dominação colonial e a escravidão no Haiti, dirigido pelo cunhado de Napoleão, [Charles Emmanuel] Leclerc. A luta entre os negros e o exército comandado por Leclerc foi uma luta selvagem, de um lado e de outro. Mas será que alguém tenta, seriamente, comparar Toussaint L'Ouverture e Leclerc, dizendo que eles são a mesma coisa? Isso seria o mesmo que dizer que o escravismo e o antiescravismo são equivalentes! E isso seria simplesmente ridículo, tanto do ponto de vista político quanto do epistemológico, já que consistiria em considerar apenas um elemento particular ("a selvageria da luta de um lado e de outro") e, reduzindo tudo a esse elemento, fazer uma abstração completa de todo o resto.

Podemos com toda a segurança estabelecer o mesmo raciocínio a propósito das comparações entre a União Soviética e o Terceiro Reich. Já citei Hitler e o fato de que ele queria restabelecer a escravidão, tendo como alvo os eslavos da Europa oriental. É possível dizer que aqueles que desejam escravizar e aqueles que lutam contra a escravidão são a mesma coisa?! É ridículo!

E, quanto a isso, eu ainda acrescentaria mais um elemento: Hitler sempre fez referência à história dos Estados Unidos como um exemplo a ser seguido – algo que já demonstrei em meus livros. Ele afirmava sempre que, para os alemães, a Europa oriental seria o mesmo que o *far west* havia sido para a raça branca, para os colonos estadunidenses brancos. Aliás, só poderemos compreender em toda sua extensão o caráter bárbaro da guerra de Hitler na Europa oriental se consideramos isto: os eslavos eram para ele os peles-vermelhas que deveriam ser dizimados, cedendo seu espaço para o usufruto da raça dos senhores; e aqueles que sobrevivessem ao assalto (tornando possível a "germanização do território") seriam os negros, que deveriam ser transformados em escravos, enquanto os judeus – que para Hitler eram a mesma coisa que os bolcheviques – tinham que ser simplesmente exterminados porque fomentavam a revolta das "raças inferiores". Quero lembrar que, ao examinarmos a linguagem dos nazistas, se mostra claramente sua origem estadunidense: por exemplo, o termo essencial da linguagem nazi, *Untermensch*, o "sub-humano" que deve ser submetido à escravidão ou exterminado, vem de *under man*; e podemos continuar com muitos exemplos.

Pois bem: considerando a tese de Hegel, de que a verdade é o todo, não vamos dizer as estupidezes que a ideologia dominante vem afirmando.

N.T.: Um dos mais importantes intelectuais brasileiros, o professor Florestan Fernandes, afirmou que a classe operária tem necessidade de suas próprias palavras-chave para poder atingir seus objetivos. Segundo ele, essas palavras não deveriam ser partilhadas pela burguesia ou outra classe social porque a luta por elas implicaria a destruição dessas classes. Ele escreveu isso em um texto em que discutia concretamente o significado da palavra "revolução", que no contexto brasileiro havia sido usurpada pela direita golpista em 1964. Essa palavra, antes mesmo do golpe de Estado no Brasil, havia sido partilhada entre comunistas e nacionalistas; e isso pode ter contribuído para a criação de uma espécie de "consenso" esvaziado do conteúdo socialista, que a burguesia e os militares golpistas buscaram recuperar e reorientar para obter alguma legitimidade social para sua ditadura. Por isso, esses setores sempre chamaram seu golpe de "revolução de 1964". Como o senhor pensa que seu trabalho de contra-história poderia nos ajudar a construir nossas próprias palavras-chave?

D.L.: Para ser sincero, eu não acredito que possam existir palavras-chave exclusivas de uma classe social ou de um partido político... E isso por uma razão muito simples: as palavras-chave de uma época são aquelas em torno das quais se processa o combate e a luta de classes.

Por exemplo, o termo "democracia"... Como se chamava o partido que mais ferozmente combatia pela manutenção da escravidão negra nos Estados Unidos? Partido Democrata! E como se chamava o partido que, após a abolição da escravidão, lutou pela supremacia branca? Partido Democrata! Mas será que nós devemos renunciar ao termo "democracia" apenas porque ele foi utilizado por partidários da escravidão e da supremacia branca? Penso que não.

Hoje em dia, ninguém ousa dizer que é contrário à democracia, e por essa razão devemos desenvolver uma luta ideológica, uma luta de classes em torno desse termo. Enquanto uns o interpretam de um modo, outros o interpretam de outro. Por exemplo: enquanto, por um lado, os proprietários de escravos e os partidários da supremacia branca falavam de democracia pensando somente na comunidade branca – porque para eles os outros não eram seres humanos propriamente ditos –, por outro, a democracia deveria ser afirmada como um regime para todas as pessoas e isso evidentemente incluía os negros. Já expliquei que os ditos melhores amigos da democracia hoje são seus inimigos mais ferrenhos, se a considerarmos do ponto de vista hegeliano, segundo o qual "a verdade é o todo".

Vamos agora abordar esse problema do golpe de Estado. A questão é, na verdade, internacional, não apenas brasileira, e podemos resumi-la na seguinte alternativa: "golpe de Estado ou revolução"? Seu golpe de Estado, Mussolini o chamou de "revolução". Sua terrível contrarrevolução, Hitler a chamou de "revolução". Hoje, as chamadas "revoluções coloridas" são todas golpes de Estado.

Isso mostra que não há palavras exclusivas de uma classe ou de um partido político. Por exemplo: "socialismo", "trabalhador". O partido de Hitler se chamou "Partido Nacional Socialista dos Trabalhadores Alemães". Ele tinha no próprio nome as palavras "trabalhadores" e "socialismo". E isso por acaso significa que devemos desistir dessas palavras? Claro que não! Ocorreu que Hitler e seus partidários compreenderam que, na situação histórica do pós-guerra mundial, o liberalismo estava desacreditado e que a luta naquele momento deveria desenvolver-se em torno dessas duas palavras-chave.

O mesmo ocorre com a ideia de "nação". O termo nasceu como um termo revolucionário no interior da Revolução Francesa, porque durante o Antigo Regime os aristocratas se consideravam membros de uma casta superior e, por isso, não viam nenhuma possibilidade da existência de uma comunidade nacional. Depois, os fascistas tentaram apropriar-se do termo. Isso mostra mais uma vez que a luta de classes é também a luta em torno de certas palavras-chave de uma época, e hoje nós somos obrigados a lutar em torno de termos como "democracia" ou mesmo "revolução" (contra "golpe de Estado"), como já expliquei no caso das "revoluções coloridas".

FONTES DOS TEXTOS

A Boitempo agradece a Federico Losurdo, Emiliano Alessandroni e à Editora Scuola di Pitagora pela seção dos direitos de publicação, nesta coletânea, dos textos inéditos em português. Agradece também às revistas *Crítica Marxista*, *INTERthesis*, *Novos Temas*, *Novos Rumos* e *Princípios* pela seção dos textos já publicados no Brasil.

FONTES DOS TEXTOS:

1. "Panamá, Iraque, Iugoslávia: os Estados Unidos e as guerras coloniais do século XXI", trad. Maryse Farhi, *Crítica Marxista*, São Paulo, Xamã, 1999, n. 9, p. 87-96.
2. "O sionismo e a tragédia do povo palestino", trad. Modesto Florezano, *Crítica Marxista*, São Paulo, Revan, 2007, n. 24, p. 63-72.
3. "Che succede in Siria?", *Rede Voltaire*, 27 abr. 2011. Disponível em: <https://www.voltairenet.org/article170553.html>; acesso em: 7 ago. 2020.
4. "Palmiro Togliatti e a luta pela paz ontem e hoje", trad. Maria Lucília Ruy, *Princípios*, maio-jun.-jul. 2016, n. 142. Disponível em: <http://www.revistaprincipios.com.br/artigos/142/teoria/224/a-luta-pela-paz-ontem-e-hoje-relendo-palmiro-togliatti.html>; acesso em: 2 jun. 2020.
5. "Por que é urgente lutar contra a Otan e redescobrir o sentido da ação política". Original italiano datado de 21 de maio de 2015.
6. *L'industria della menzogna, parte integrante della macchina di guerra dell'imperialismo*. Disponível em: <https://domenicolosurdo.blogspot.com/2013/09/lindustria-della-menzogna-quale-parte.html>; acesso em: 12 ago. 2020.

7. "La dottrina Bush e l'imperialismo planetário: Isolare l'asse imperialista USA-Israele primo compito del movimento per la pace" em Domenico Losurdo, *Imperialismo e questione europea*, Napoli, La scuola di Pitagora, 2019, p. 119-136.
8. "Gli Stati Uniti e le origini politico-culturali del nazismo" em Domenico Losurdo, *Imperialismo e questione europea*, Napoli, La scuola di Pitagora, 2019, p. 173-226.
9. "Marxismo e comunismo nos 200 anos do nascimento de Marx", trad. Federico Losurdo, *Novos Rumos*, Marília, 2019, v. 56, n. 2, p. 49-58.
10. "Revolução de outubro e democracia no mundo", trad. Marcos Aurélio da Silva, *INTERthesis*, Florianópolis, 2015, v. 12, n. 1, p. 361-374.
11. "Crítica ao liberalismo, reconstrução do materialismo. Entrevista por Stefano G. Azzarà", trad. Giulio Gerosa, *Critica Marxista*, 2012, n. 35, p. 153-169.
12. "Entrevista à revista *Novos Temas*. Entrevista por Victor Neves", trad. Victor Neves, *Novos Temas*, São Paulo, 2014, n. 11.

SOBRE O AUTOR

Domenico Losurdo (1941-2018) foi um pensador marxista com fundamentais contribuições nas áreas de filosofia, história e política. Doutorou-se com uma tese sobre Karl Rosenkranz e foi professor de História da Filosofia na Universidade de Urbino. Intelectual militante, sua obra compreende longos tratados monográficos sobre autores canônicos da filosofia ou de história das ideias, além de ensaios e artigos sobre estratégias, táticas e eventos concretos. Sua produção é marcada pela crítica radical ao liberalismo, ao capitalismo e ao colonialismo, bem como por uma interpretação detalhada sobre as experiências socialistas.

Tem diversas obras publicadas no Brasil, entre elas: *Contra-história do liberalismo* (Ideias & Letras, 2006), *Liberalismo: entre civilização e barbárie* (Anita Garibaldi, 2006), *Nietzsche, o rebelde aristocrata* (Revan, 2009), *A linguagem do império: léxico da ideologia estadunidense* (Boitempo, 2010), *A luta de classes: uma história política e filosófica* (Boitempo, 2015), *Guerra e revolução: um século após Outubro de 1917* (Boitempo, 2017), *O marxismo ocidental: como nasceu, como morreu, como pode renascer* (Boitempo, 2018), *Hegel e a liberdade dos modernos* (Boitempo, 2019) e *A questão comunista* (Boitempo, 2022).

OUTRAS PUBLICAÇÕES DA BOITEMPO

*Bem mais que ideias:
a interseccionalidade como teoria social crítica*
PATRICIA HILL COLLINS
Tradução de Bruna Barros e Jess Oliveira
Orelha de Elaini Cristina Gonzaga da Silva

Um dia esta noite acaba
ROBERTO ELISABETSKY
Orelha de Irineu Franco Perpétuo
Quarta capa de Odilon Wagner

Justiça interrompida
NANCY FRASER
Tradução de Ana Claudia Lopes e Nathalie Bressiani
Orelha de Flávia Biroli

Lacan e a democracia
CHRISTIAN DUNKER
Orelha de Vladimir Safatle
Quarta capa de Maria Lívia Tourinho Moretto e Nelson da Silva Jr.

O que é a filosofia
GIORGIO AGAMBEN
Tradução de Andrea Santurbano e Patricia Peterle
Orelha de Cláudio Oliveira

A questão comunista
DOMENICO LOSURDO
Organização e introdução Giorgio Grimaldi
Tradução de Rita Coitinho
Orelha de Marcos Aurélio da Silva

Sinfonia inacabada: a política dos comunistas no Brasil
ANTONIO CARLOS MAZZEO
Prólogo de Milton Pinheiro
Apresentação de Mauro Iasi
Orelha de Marly Vianna

ARSENAL LÊNIN

Conselho editorial Antonio Carlos Mazzeo, Antonio Rago, Augusto Buonicore, Ivana Jinkings, Marcos Del Roio, Marly Vianna, Milton Pinheiro e Slavoj Žižek

Imperialismo, estágio superior do capitalismo
VLADÍMIR ILITCH LÊNIN
Tradução de Edições Avante! e Paula Vaz de Almeida
Prefácio de Marcelo Pereira Fernandes
Orelha de Edmilson Costa
Quarta capa de György Lukács, István Mészáros
e João Quartim de Moraes

ASTROJILDO PEREIRA
Conselho editorial: Fernando Garcia de Faria, Ivana Jinkings,
Luccas Eduardo Maldonado e Martin Cezar Feijó

Crítica impura
Prefácio de **Joselia Aguiar**
Orelha de **Paulo Roberto Pires**
Anexos de **Leandro Konder**

Formação do PCB
Prefácio de **José Antonio Segatto**
Orelha de **Fernando Garcia**
Anexos de **Alex Pavel (Astrojildo Pereira)**

Interpretações
Prefácio de **Flávio Aguiar**
Orelha de **Pedro Meira Monteiro**
Anexos de **Nelson Werneck Sodré e Florestan Fernandes**

Machado de Assis
Prefácio de **José Paulo Netto**
Orelha de **Luccas Eduardo Maldonado**
Anexos de **Euclides da Cunha, Rui Facó,
Astrojildo Pereira e Otto Maria Carpeaux**

URSS Itália Brasil
Prefácio de **Marly Vianna**
Orelha de **Dainis Karepovs**

O revolucionário cordial
Martin Cezar Feijó
Prefácio de **Sérgio Augusto**
Orelha de **Gilberto Maringoni**

BIBLIOTECA LUKÁCS
Coordenação: José Paulo Netto e Ronaldo Vielmi Fortes

Goethe e seu tempo
György Lukács
Tradução de **Nélio Schneider** com a colaboração de **Ronaldo Vielmi Fortes**
Revisão da tradução de **José Paulo Netto e Ronaldo Vielmi Fortes**
Orelha de **Ronaldo Vielmi Fortes**
Quarta capa de **Miguel Vedda**

ESCRITOS GRAMSCIANOS
Conselho editorial: Alvaro Bianchi, Daniela Mussi, Gianni Fresu,
Guido Liguori, Marcos del Roio e Virgínia Fontes

Homens ou máquinas?
escritos de 1916 a 1920
Antonio Gramsci
Seleção e apresenttação de **Gianni Fresu**
Tradução de **Carlos Nelson Coutinho e Rita Coitinho**
Orelha de **Marcos del Roio**

ESTADO DE SÍTIO
Coordenação: Paulo Arantes

Abundância e liberdade
PIERRE CHARBONNIER
Tradução e orelha de **Fabio Mascaro Querido**

MARX-ENGELS

A guerra civil dos Estados Unidos
KARL MARX E FRIEDRICH ENGELS
Seleção dos textos de **Murillo van der Laan**
Tradução de **Luiz Felipe Osório e Murillo van der Laan**
Prefácio de **Marcelo Badaró Mattos**
Orelha de **Cristiane L. Sabino de Souza**

MUNDO DO TRABALHO
Coordenação: Ricardo Antunes
Conselho editorial: Graça Druck, Luci Praun, Marco Aurélio Santana,
Murillo van der Laan, Ricardo Festi, Ruy Braga

O solo movediço da globalização: trabalho e extração mineral na Vale S. A.
THIAGO AGUIAR
Prefácio de **Ruy Braga**
Orelha de **Ricardo Antunes**
Quarta capa de **Judith Marshall, Leonardo Mello e Silva e Paula Marcelino**

LITERATURA

Como poeira ao vento
LEONARDO PADURA
Tradução de **Monica Stahel**
Orelha de **Sylvia Colombo**

BOITATÁ

Monstro Azul
OLGA DE DIOS
Tradução de **Monica Stahel**

Publicado em novembro de 2020, mês em que Domenico Losurdo, falecido em 2018, completaria 79 anos, este livro foi composto em Adobe Garamond Pro, corpo 11/14,3, e reimpresso em papel Pólen Soft 80 g/m², pela gráfica Rettec, para a Boitempo, em junho de 2022, com tiragem de 2.000 exemplares.